"十四五"普通高等教育本科部委级规划教材

服装学科系列教材

李 正 曲艺彬 ◎ 主 编

袁 丽 李潇鹏 李璐如 ◎ 副主编

U0740805

FUZHUANG BIAOYAN YU SHISHANG GUANGGAO

服装表演与时尚广告

中国纺织出版社有限公司

内 容 提 要

本书是"十四五"普通高等教育本科部委级规划教材。本书以服装表演、时尚传播等相关专业的综合理论和全方位技能培训为切入点，系统介绍了服装表演与服装模特的相关概念，详细阐述了服装表演的训练内容以及服装表演人才在专业素质和艺术素质方面的培养，具体讲解了时尚广告中平面广告和影视广告的表演技能。最后，针对服装表演与时尚广告实践进行案例分析，从理论到实务，由浅入深，强调了综合素质培养对模特的意义。在加强对学生专业能力与技巧培养的同时，更加强调教学效果的实操性和市场性，构建了完整的服装表演与时尚广告课程的教学体系。

本书适合本科专业院校、高职高专类服装设计专业、服装表演专业、时尚传播与广告传媒等专业师生使用，同时也是本学科爱好者的良师益友。

图书在版编目（CIP）数据

服装表演与时尚广告 / 李正，曲艺彬主编；袁丽，李潇鹏，李璐如副主编. -- 北京：中国纺织出版社有限公司，2025. 5. --（"十四五"普通高等教育本科部委级规划教材）. -- ISBN 978-7-5229-2273-7

Ⅰ. TS942；J524. 3

中国国家版本馆 CIP 数据核字第 2024F0E166 号

责任编辑：宗　静　　李艺冉　　　特约编辑：朱静波
责任校对：高　涵　　　　　　　　　责任印制：王艳丽

中国纺织出版社有限公司出版发行
地址：北京市朝阳区百子湾东里 A407 号楼　　邮政编码：100124
销售电话：010—67004422　　传真：010—87155801
http://www.c-textilep.com
中国纺织出版社天猫旗舰店
官方微博 http://weibo.com/2119887771
北京通天印刷有限责任公司印刷　　各地新华书店经销
2025 年 5 月第 1 版第 1 次印刷
开本：787×1092　1/16　印张：15.25
字数：302 千字　定价：68.00 元

服装学科现状及其教材建设

作为学生能遇到一位好老师是人生中非常幸运的事，有时这又是可遇而不可求的。韩愈说："师者，所以传道受业解惑也。"今天，我们总是将老师比喻为辛勤的园丁，比喻为燃烧自己照亮他人的蜡烛，比喻为人类心灵的工程师，等等，这都是在赞美教师这个神圣的职业。作为学生，尊重自己的老师是本分；作为教师，认真地从事教学工作，因材施教，尽心尽责培养好每一位学生是做老师的天道义务，也是教师的基本职业道德。

教师与学生之间是一种无法割舍的长幼关系，是教与学的关系、传道与悟道的关系，也是一种付出与成长的关系，服装学科的教学也是如此，"愿你出走半生，归来仍是少年"。谈到师生的教与学关系问题必然绕不开教材问题，教材在师生的教与学关系中扮演着特别重要的角色，即互通互解的桥梁角色。凡是优秀的教师一定会非常重视教材（教案）的建设问题，没有例外。因为教材在教学中的价值与意义是独有的，是不可用其他手段来代替的，当然，好的老师与好的教学环境都是极其重要的，这里我们主要谈的是教材的价值问题。

当今国内服装学科主要分为三大类型，即艺术类服装设计学科、纺织工程类服装专业学科、职业教育类服装专业学科。另外，还有个别非主流的服装学科，比如戏剧戏曲类服装艺术教育学科、服装表演类学科等。国内现行三大类型服装学科教学培养目标各有特色，因而教学课程体系也有较大差异性。教师要用专业的眼光去选择适用于本学科的教材，并且要善于在教学中抓住学科重点。比如，艺术类服装设计学科主要侧重设计艺术与设计创意的培养，其授予的学位一般都是艺术学学位，过去是文学学位，未来还将会授予交叉学学位。艺术类服装设计学科的课程设置是以艺术和创意设计为核心的，比如国内八大美术学院与九大艺术学院，还有国内一些知名高校中的二级艺术学院、美术学院、设计学院等的课程设置。这类院校培养的毕业生就业方向以自主创业、工作室高级成衣定制、大型企业高级服装设计师、企业高管人员、高校教师或教辅居多。纺织工程类服装专业学科的毕业生一般授予工学学位，其课程设置多以服装材料研究及服装科研研发为重点，包括服装各类设备的使用与服装工业再改造等。这类学生进入高校时的考试方式与艺术生不同，他们是以正常的文化课考试进校的，所以其美术功底不及艺术生，但是其文化课程分数较高。这类毕业生大多进入大型服装企业承担高级管理工作、高级专业技术工作、产品营销管理工作、企业高级策划工作，或从事高校教学与教辅工作等。职业教育类服装专业学科的教育是以专业技能的培养为核心的，其在课程设置方面比较突出实操实训能力的培养，非常注重技能水平的提升，甚至会安排学生考取相应的专业技能等级证书。高职学生未达到本科层次，是没有本科学位的专业生，这部分学生相对于其他具有学位层次的高校生而言更具备职业培养的属性，在技能培养方面独具特色，主要为企业培养实用型专业人才，这部分毕业生更受企业欢迎。这些都是我国现行服装学科教育的状况，在制订教学大纲、教学课程体系、选择专业教材时，要具体研究不同类型学科的实际需求，最大限度地发挥教材的专业功能。

教材直接关系着专业教学质量问题，也是专业教学考量的重要内容之一，所以我们要清晰我国现行的三大类型服装学科的特色，不可"用不同的瓶子装着同样的水"进行模糊教育。

交叉学科的出现是时代的需要，是设计学顺应高科技时代发展的必然，是中国教育的顶层设计。本次教育部新的学科目录调整是一件重要的事情，特别是将设计学从13艺术学门类中调整到了新设的14交叉学科门类中，即1403设计学（可授工学、艺术学学位）。艺术学门类中仍然保留了1357设计一级学科。我们在重新制订服装设计教学大纲、教学培养过程与培养目标时要认真研读新的学科目录，还要准确解读《研究生教育学科专业目录（2022年）》中的相关内容后，再研究设计学科下的服装设计教育的新定位、新思路、新教材。

服装学科的教材建设是评估服装学科教学质量的重要指标。今天我国各个专业高校都非常重视教材建设，特别是相关的各类"规划教材"颇受重视。服装学科建设的核心内容包括两个方面，其一是科学的专业教学理念，也是对服装学科的认知问题，这是非物质量化方面的问题，现代教育观念就是其主观属性；其二是教学的客观问题，也是教学的硬件问题，包括教学环境、师资力量、教材问题等，这是专业教育的客观属性。服装学科的教材问题是服装学科建设与发展的客观问题，需要认真思考这一问题。

撰写教材可以提升教师队伍对专业知识的系统性认知，能够在撰写教材的过程中发现自己的专业不足，拓展自身的专业知识理论，高效率地使自己在专业与教学逻辑思维方面取得本质性的进步。撰写专业教材有利于教师汇总自己的教学经验，充实自己的专业理论知识，逐步丰富专业知识内核，最终使自己的教学趋于优秀。撰写专业教材需要查阅大量的专业资料，并收集海量数据，特别是在大数据时代，在各类专业知识随处可以查阅与验证的现实氛围中，出版优秀的教材是对教师专业能力的考验，是每一位出版教材的教师的专业成熟度的测试器。

教材建设是任何一个专业学科都应该重视的问题，教材问题解决好了，专业课程的一半问题就解决了。书是人类进步的阶梯，书是人类的好朋友，读一本好书可以让人心旷神怡，读一本好书可以让人如沐春风，可以让读者获得生活与工作所需的新知识。一本好的专业教材也是如此。

好的老师需要好的教材给予支持，好的教材同样需要好的老师来传授与解读，珠联璧合，相得益彰。一本好的教材就是一位好的老师，是学生的好朋友，是学生的专业知识输入器。衣食住行是人类赖以生存的支柱，服装学科是大众学科，服装设计与服装艺术是美化人类生活的重要手段，是美的缔造者。服装市场是一个国家的重要经济支撑，可以解决很多就业问题，还可以向世界输出中国服装文化、中国时尚品牌，向世界弘扬中国设计及其思维。大国崛起与文化自信包括服装文化自信与中国服装美学的世界价值。德智体美劳是我国高等教育不可或缺的重要组成部分，我们要在创新服装学科专业教材上多下功夫，努力打造出一批符合时代需求的精品教材，为现代服装学科的建设与发展多做贡献。

服装专业教育者需要首先明白，好的教材需要具有教材的基本属性：知识自成体系，逻辑思维清晰，内容专业，目录完备，图文并茂，循序渐进，由简到繁，由浅入深，特别是要让学生能够读懂看懂。

教材目录是教材的最大亮点，十分重要。出版教材的目录一定要完备，各章节构成思路要符合专业逻辑，确保先后顺序正确，可以说，教材目录是教材撰写的核心要点。这里用建筑来打个比方，教材目录好比高楼大厦的根基与构架，而教材的具体内容与细节撰写好比高楼大厦的瓦砾、砖块和水泥等填充物。建筑承重墙只要不拆不移，细节的砖块与瓦砾、隔断墙是可以根据个人的喜好进行适当调整或重新组合的。这是建筑的结构与装饰效果的关系问题，这个问题放到服装学科的教材建设上，可以比较清楚地来理解教材的重点问题。

纲举目张，在教学中要能够抓住重点，因材施教，要善于旁敲侧击、举一反三。"教育是点燃而不是灌输"，这句话给予了我们教育工作者很多的思考，其中就包括如何提高学生的专业兴趣，在教学中，兴趣教学原则很值得我们去研究。从某种意义来讲，兴趣是优秀地完成工作与学习的基础保证，也是成为一位优秀教师、优秀学生的基础保证。

本系列教材是李正教授与其学术团队共同努力的又一教学成果。参与编写的作者包括清华大学美术学院吴波老师、肖榕老师，苏州城市学院王小萌老师，广州城市理工学院翟嘉艺老师，嘉兴职业技术学院王胜伟老师、吴艳老师、孙路苹老师，南京传媒学院曲艺彬老师，苏州高等职业技术学校杨妍老师，江苏省盐城技师学院韩可欣老师，江南大学博士研究生陈丁丁，清华大学美术学院博士生李潇鹏等。

苏州大学艺术学院叶青老师担任本系列12本"十四五"普通高等教育本科部委级规划教材出版项目主持人。感谢中国纺织出版社有限公司对苏州大学一直以来的支持，感谢中国纺织出版社有限公司对李正学术团队的信赖。在此还要特别感谢苏州大学艺术学院及其兄弟院校参编老师们的辛勤付出。该系列教材包括《服装设计思维与方法》《形象设计》《服装品牌策划与运作》等，请同道中人多提宝贵意见。

李正、叶青

2023年6月

前 言

随着中国时尚产业的迅速发展，时尚广告已经成为国内时下品牌最流行的宣传手段之一，而模特作为时尚广告的主要诠释者，其形象气质、文化素养、展示能力、艺术创造能力等均能通过时尚广告呈现出来，从而能准确地表达时尚广告的立意。所以模特综合素质的高低直接影响着时尚广告的品质，同时模特形象的多元化也是当今时尚广告的一种新需求。因此，当前服装表演行业要求服装表演从业者在具备扎实的基本功和专业的表演技巧之外，还须具备适应时代需要的艺术性、文化性及社会性。

苏州大学的服装表演专业设立已有30多年，积累了深厚的专业基础和丰富的教学经验，为本教材的编写奠定了坚实的基础。同时，本教材的作者团队不仅包括服装表演的专业教师，还涵盖了模特经纪人、秀导、视觉制片、活动策划、服装设计师、服装搭配师等在相关行业具有实践经验的专业人士。因此，本教材在理论知识和实践经验方面都能较全面地涉及，旨在为从事和热爱服装表演的人群提供更丰富、更专业的知识。本教材内容不仅系统地介绍服装表演基础知识和分析大量服装表演实际案例，还规整了大量国内外一手文献资料和高清图片，对部分专业内容进行了新的诠释与延伸，更加注重知识的科学性和规律性。在加强对学生专业知识与专业技巧的基础上，本书新增了对服装表演专业及相关行业从业者的经验采访内容，从而增强了教学效果的实用性和市场适应性，编写一本较完整的服装表演与时尚传播教学的教材。我们希望培养的专业学生能具备强烈的责任意识、科学的理性精神领先的审美判断，拥有较扎实的专业知识和创新思维，能够胜任服装表演相关工作及沟通策划等职能，承担服装表演时尚广告拍摄工作，具备自主创新能力，满足我国社会主义现代化建设对高层次应用型服装表演专业人才的需求，同时培养适应国家社会经济文化发展多元需求的复合型应用人才。

完稿之际，首先要真挚感谢苏州大学艺术学院领导们给予的大力支持，两年多的时间里，我们作者一起克服疫情、异国、异地，在线上线下会议中对书稿进行了多次打磨。在这里要特别感谢秀导老师臧文宁，服表专业教师李霞、段潇勇，模特董薇、李孟、张雅致、徐梦怡、宋佳琪、王璇、叶铜罡、费明字、王谓茹、袁凡淇、曹安琪、刘乃喜、姜容、杨维、南京传媒学院服装表演专业学子们提供了大量的图片素材以及张万君提供的社会服装表演专业培训与运营的相关资料。

　　本书在编写过程中也得到了中国纺织服装教育学会、中国纺织出版社领导和编辑的大力支持，在此一并表示感谢！望本书能成为专业爱好者和从业者的良师益友。由于时间仓促、学识有限，书中不足和疏漏之处难免，恳请广大读者将意见和建议反馈给我们，以便在后续版本中不断改进和完善。

编者

2025年1月

教学内容及课时安排

章 / 课时	课程性质 / 课时	节	课程内容
第一章 （8 课时）	基础理论 （16 课时）	·	**绪论**
		一	相关概念
		二	服装表演的起源与发展
		三	服装表演的价值
		四	服装表演的属性
		五	服装表演现状
第二章 （8 课时）		·	**服装表演人才的培养**
		一	专业意识的培养
		二	专业素质的培养
		三	艺术素养的提升
		四	模特职业化发展与推广
第三章 （32 课时）	专业核心知识 （80 课时）	·	**服装表演的训练内容**
		一	形体训练
		二	台步训练
		三	肢体平衡与舞台走线训练
		四	舞台造型训练
		五	服装与道具的融合训练
第四章 （16 课时）		·	**时尚广告模特的造型艺术**
		一	平面广告模特造型艺术
		二	影视广告模特造型艺术
		三	时尚广告模特造型摆拍法则

续表

章 / 课时	课程性质 / 课时	节	课程内容
第五章 （32课时）	专业核心知识 （80课时）	·	**时尚广告策划及其幕后工作**
		一	编导与创意策划
		二	时尚广告视觉艺术要求
		三	时尚广告舞美专业要素
		四	时尚广告的局部造型艺术
		五	拍摄设备与技术幕后工作
		六	时尚广告的宣传模式设计
第六章 （8课时）	案例分析 （8课时）	·	**经典案例赏析**
		一	服装表演秀场
		二	平面艺术时尚广告
		三	影视时尚广告

注 各院校可根据自身的教学特点和教学计划对课程时数进行调整。

目录

第一章
绪论

课题名称：绪论
课题内容：1.相关概念
　　　　　2.服装表演的起源与发展
　　　　　3.服装表演的价值
　　　　　4.服装表演的属性
　　　　　5.服装表演现状
课题时间：8课时
教学目的：了解服装设计表演的相关定义、服装表演的起源与发展及服装表演的价值
　　　　　和属性，对服装表演和时尚广告的价值有全方位的认知
教学方式：教师通过PPT讲解基础理论知识，学生在阅读、理解的基础上进行探究，
　　　　　最后教师再根据学生的探究问题逐一解答并分析
教学要求：1.要求学生全面掌握相关概念界定以及服装表演的起源与发展等基础知识
　　　　　2.了解服装表演和时尚广告的价值及现状
课前（后）准备：1.课前提倡学生多阅读关于服装表演和时尚广告的基础理论书籍
　　　　　　　　2.课后要求学生通过反复的操作实践，对所学的理论进行消化

服装表演专业是我国新兴的一门高校学科，最早起始于20世纪80年代。该专业的设立对时尚广告的发展起到了显著的推动作用。随着企业对品牌文化的塑造日益重视，企业迫切需要优秀的模特来诠释品牌形象，为消费者提供优质的消费体验。这种需求促使模特的综合能力必须不断提高，使得"模特"这一角色不再仅仅是展示服装的"道具"，而是应具备学历、文化修养及专业技能的综合型人才。因此，服装表演专业的创立为时尚广告培养了大批优秀的模特，而时尚广告对品质要求的不断提升也推动了服装表演专业在模特培养体系上的不断优化。服装表演与时尚广告之间的相互促进和相互影响，是二者共同发展的关键所在。通过这样的良性互动，服装表演专业和时尚广告领域能够不断进步，满足行业和市场的需求。

本章节先从服装表演和时尚广告的相关概念界定展开，进而介绍服装表演与时尚广告的起源与发展、服装表演分类等内容，通过系统地讲解服装表演与时尚广告的基础知识，为以后的学习奠定基础。

第一节　相关概念

服装表演与时尚广告相关专业主要致力于培养能够从事服装表演和形象设计的学生，使其具备较强的表演意识与设计创作能力，并具有一定的服装设计和影视表演技能。该专业的学生应掌握行业相关的前沿学科知识和基本的运作规律，能够胜任模特经纪公司与时尚机构、影视表演与制作机构、形象设计工作室等领域的工作，具体包括表演、编导与策划、影视表演、人物形象设计、时尚行业媒体推广、服装表演教学等方面的应用型人才。

本节对于服装表演与时尚广告相关概念进行了系统性整理，旨在便于读者学习和掌握这些专业领域的知识与技能。通过对这些概念的全面梳理，读者可以更好地理解服装表演与时尚广告专业的内涵和培养目标，从而在实际应用中更有效地发挥专业所学，推动相关行业的发展。

一、服装与服装表演

什么是服装？服装就其词意而言，它包含了两层含义。"服"即衣服，是一种物的存在形式。对人而言，其主要功能在于防寒蔽体。而"装"意为装扮、打扮，是一种精神需求。在国家标准中对服装的定义为：缝制，穿于人体起保护和装饰作用的产品。然而，"服装"这个术语的含义和意义已经随着时间的推移而改变，某些术语经常可以与"服装"一词互换使用，例如服装和时尚。

在英文中，"Clothing"是服装的直译，但服装设计通常被翻译为"Fashion

图1-1 2023年3月巴黎时装周服装专场表演秀

design", 所以服装在英文中有"Fashion"和"Clothing"两种翻译方式, 这也导致了服装分为狭义的服装和广义的服装两种概念。狭义上讲, 服装(Clothing)指物理上的衣服; 广义上讲, 服装(Fashion)是包括了一切的配饰及穿衣的人。

服装表演(Fashion show)的定义是对于服装、配饰等产品进行推广宣传的重要途径之一。目标观众包括传媒工作者、时尚评论家、时尚买手、已消费群体以及待开发消费群体等。2023年3月巴黎时装周举办了多场专场秀(图1-1), 这些服装表演极大地促进了各种大牌服装奢侈品的推广。

服装表演可以被理解为是一种服装设计的具体化行为, 即身体优先于言语, 存在高于虚无, 而实践则高于产品。因此, 服装表演是服装设计过程中一个非常富有成效的具体化行为。服装表演是模特"有成效的练习和认识论"的成果。因为练习和习惯是储存在身体里的, 我们可以把着装理解为一种具体化的练习, 通过一次又一次的练习来呈现好的表演效果。由此可知, 服装表演是一种有意义的身体实践, 是通过无生命的中介对象对整体表现进行的重构。

二、模特与时尚造型

模特被定义为负责宣传、展示商业产品的人。由于模特需要为作品提供视觉帮助, 所以模特通常在时装秀中、商业活动或在艺术作品展中体现他们的价值。

模特按照性别分类可以分为女性模特(图1-2)和男性模特。根据功能分类分为平面模特和时尚T台模特。从工作性质上来说, 模特的工作是将模特身体魅力资本转化为一种文化商品的劳动过程。因此, 在一定程度上, 模特必须规范和约束自己的身体素质。对于时装模特, 身高和身材比例通常有非常严格的要求; 平面模特则首要注重相貌颜值, 其次是身材比例。

图1-2 女性模特

时尚造型通常需要服饰搭配、化妆造型、色彩原理等基础知识的储备以及对流行趋势的把握。因此，时尚造型能力在形象管理中尤为重要。在某些场合里，人们会试图通过展现自己好的形象，来增强在别人面前的竞争力和好印象。在出席重要场合时，例如发布会、时尚派对、晚会、典礼中，这种时尚造型表现得最为明显。有些人甚至在腾讯会议中穿上漂亮的上衣，戴上昂贵的珠宝；也有人会穿得个性另类，从而给人留下了完全不同的印象。

因此，我们可以认识到，个人的时尚造型是在塑造自己的身份形象。每天我们都在表演自己，在不同的角色中转换，如老师、同事、母亲、朋友、爱人等。此外，一些不同的场合转换，如高级时装广告、化装舞会、晚宴等也需要形象的塑造。时尚造型是对身份差异的重要表现形式。

三、时尚与时尚广告

时尚不仅仅是外在的装饰，更是文化、社会和个人认知的综合体现。在中文语境中，"时尚"一词通常指一种流行的生活方式、穿着风格和社会文化现象。它不仅涵盖服装和配饰，还包括生活方式、审美观念和行为方式。在外文语境中，"fashion"一词最早来源于拉丁语的"facere"，意思是"做"（类似于法语单词"faire"）。

时尚（fashion）不仅仅是物质层面的产品，而是一种充满象征意义的文化表达方式。它代表了社会、身份、地位、个性、价值观和集体认同等抽象概念。作为一种符号载体，服装通过款式、颜色、设计等元素传达出穿着者的思想、情感和身份认同。服装的外观在很大程度上不取决于其设计或构造，而是取决于人们对服装的感知，而这种感知可能会受到服装设计、时装表演和时尚广告的影响。尽管时尚常被认为是肤浅和短暂的，但一些著名的哲学家，如柏拉图和亚里士多德，试图在我们日常生活中不断变化的现象背后寻求永恒的真理。这些哲学家最终发现，时尚不仅是一种文化现象，更是人类需求和艺术创造力的表现。时尚通过其变幻的形式和内容，反映并塑造着社会的价值观和集体认同，成为文化表达的重要载体。

服饰的时尚广告（图1-3）不仅可以使用图片来帮助消费者可视化产品，还可以让消费者在使用这些产品时沉浸在幻想之中。通过时尚广告的加工，使用大量沁人心脾的图像来美化时尚产品，从而使消费者有奢华、美丽和幸福等感知。有些时尚广告使用了简短的文字叙述，达到文字

图1-3　时尚广告

与时尚服饰图文并茂，以此告诉读者，想要追求美好的生活方式，可以通过购买和穿着这些时尚服饰来实现，满足自己想要购买这些时尚单品的欲望，同时提升衣品、展现个人时尚风格。

四、广告功能与广告形式

广告具有传播品牌信息、树立品牌形象、引导消费者和满足消费者视觉享受等功能。而广告最重要的功能是能通过宣传产品的价值观，从而树立品牌形象、引导消费者购买产品。

广告的功能也体现在创作过程中，营销人员会通过考虑市场背景来决定品牌的最佳定位。接下来，创意部门需要确定具体的角色和构成广告内容的背景，通过广告的功能使用大量的修辞操作，塑造时尚品牌在消费者心中的地位。换句话说，营销人员会设计精彩的广告情节，从而得到消费者的认同，给消费者留下难忘的印象，这样才能够在同类产品中脱颖而出。

随着科技的进步与时代的发展，广告形式更加多元化。现在的广告形式主要分为网络广告、视听广告和流动广告这三大类。网络广告包括直播广告、浮动广告、横幅广告和弹出广告等；而视听广告则是使用电视或者广播等媒介传播；流动广告则是在街上以交通工具或者一些建筑屏幕为载体的广告。

然而，一些广告专业人士也会打破常规的广告形式，利用一种极端形式的广告语来吸引消费者，通过简单粗暴的广告语形式来引起消费者强烈的认同感，让消费者产生与品牌价值观的共鸣。但这种方式不能作为一个品牌树立形象的长远之计，而应注重广告语内容的文化性，用准确的语言去传达品牌的价值观，得到消费者的认同。

五、服装艺术与时尚美学

奥斯卡·王尔德（Oscar Wilde）（图1-4）认为："时尚是短暂的，而艺术是永恒的。"迈克尔·布德罗在1990年的文章《艺术与时尚》中说道："艺术是艺术，时尚是一个产业。"

在历史上，艺术与时尚之间存在着一种共生关系，这两个领域相互激励并竞争。在20世纪10年代，艺术家与时装设计师之间的合作进一步加强了这种联系，使得艺术与时尚的界限被创造性地模糊化。尽管艺术与时尚在历史上存在多种相互联系，但这种合作常常面临矛盾心理，双方在一定程度上保持着不信任和防御性的态度。

图1-4　奥斯卡·王尔德

然而，也存在例外情况。在20世纪早期，立体派和未来主义艺术家利用"时尚"来推广他们的理念，尤其是在1913年于纽约举办的国际现代艺术展览（即"军械库展览会"）。这一展览是当时在大西洋彼岸展出的最大的同类展览，激发了公众对欧洲现代艺术的兴趣。在此过程中，大量商业集团认识到这些新兴艺术流派的商业潜力，因此他们将时尚产品与展出的艺术作品联系起来。从此，立体主义和未来主义成为欧洲先锋派的代名词，在这个过程中模糊了服装艺术与时尚美学的边界。

自此，设计师与商家逐渐认识到现代主义艺术与大众时尚之间的相似之处。前卫艺术家像时尚设计师一样，迅速地重塑风格，挑战并创新了新的艺术风格理念。这种现象不仅体现了艺术与时尚之间的相互影响，也展示了二者在文化表达与商业领域中的融合与互动。

事实上，服装艺术与时尚的相互作用似乎从根本上改变了学科边界。例如，普拉达（Prada）和古驰（Gucci）这样的大型时装公司赞助当代艺术中心的表演，以及各种老牌博物馆举办时装展览，这种现象的产生为20世纪90年代的新表演艺术——时装秀奠定了基础。

无论导致边界模糊的原因是什么，这都说明时尚与服装艺术之间的界限模糊，甚至娱乐圈、流行文化也逐渐向时尚和表演融合转变。现在，大家会发现无法清晰地分离艺术和时尚，无法区分这是一场时装T台表演还是一场即兴表演，表演中的是一件服装还是一个雕塑，这间店面是一家服装精品店还是一家美术馆。

服装艺术与时尚美学的关系在很大程度上体现了文化的商品化。时尚是一种审美实践，而服装艺术比艺术更商业化。从历史上看，现代和后现代的艺术实践为这些不同的文化实践之间的对话创造了空间。一方面，可以测试艺术品在商业环境中的可行性；另一方面，可以促进时尚与美学的融合。

第二节 服装表演的起源与发展

服装表演历经玩偶时装表演和真人时装表演后，服装表演行业现在已经成为服装设计的一个不可或缺的部分。服装表演作为服装的重要性能之一，通常由一个训练有素或熟练的人向观众展示，从而给服装表演带来自主意识。

一、服装表演的起源

服装表演的起源可以追溯到1845年，当时在巴黎的一家服装店中，首次进行了真人时装展示。"高级定制之父"查尔斯·弗雷德里克·沃斯（Charles Frederick Worth）让店中的营业员玛丽·韦尔娜（Marie Vernet）为顾客展示披巾，这一举动诞生了世界上第一个时装模特，沃斯因此被称为"世界时装之父"。第一次规模盛大的时装表演则是在1903年于美国纽约举办。这场里程碑式的时装表演由埃尔斯·威尔科克斯（Elsa Wilcox）主办，并在曼哈顿的一家大型百货公司——埃里·查尔斯（Erie Charles）设计的优雅商场中举行。这次表演不仅展示了最新的时装设计，还结合了音乐和舞台布景，使之成为一场多感官的时尚盛宴。这次盛大的活动不仅展示了时尚服装，还吸引了大量观众和媒体的关注，标志着现代时装秀的诞生。

二、西方服装表演的发展历程

西方服装表演的起源可以追溯到16世纪的欧洲宫廷。当时，宫廷中的时尚潮流往往难以通过绘画或文字来充分表达。为了展示这些复杂的服装设计，宫廷内外开始使用时尚玩偶。这些玩偶穿戴着最新的服装款式，作为一种实物展示工具，生动地向观众传达最新的时尚潮流。

几个世纪以来，玩偶一直被用于欧洲各国之间分享时尚讯息的工具。最初，潘多拉娃娃几乎都是真人大小，这些娃娃是服装制作者或者由宫廷的裁缝进行设计，以此来复制服装结构。当时，法国为了宣传他们在时尚领域的领先地位，通常会主动寄出潘多拉娃娃。例如，法国国王亨利四世送给他的未婚妻玛丽·德·美第奇一群潘多拉娃娃作为她的嫁妆。

在整个17世纪，这些潘多拉娃娃成为英国、德国和威尼斯的热门展品，每年都有一个来自巴黎的潘多拉娃娃在圣马可广场的森萨博览会上展示一年。

18世纪是潘多拉娃娃服装表演的巅峰时期，潘多拉娃娃被大量地运用于商店橱窗中，或者是被跨国运输，以此来说明最新的流行趋势，包括每一件配饰、内衣和最新的发型。当时的潘多拉娃娃分为大小两种，大潘多拉娃娃通常穿正式服装，小潘多拉娃娃所穿通常是非正式的服装。从17世纪40年代至18世纪末，上层社会的服装信息都靠潘多拉娃娃来传递。英法战争期间，英国停止了海关贸易，对外界实行封锁，唯独对巴黎出产的时装玩偶给予放行，拿破仑担心潘多拉娃娃会用来走私秘密信息，所以在18世纪后期禁止了潘多拉娃娃的流通。

在19世纪上半叶，潘多拉时尚玩偶被用来为客户展示时尚服装，随后在制帽商、服装裁缝工作室中制作，直到查尔斯·弗雷德里克·沃斯推出真人模特。其中，19世纪30年代英国维多利亚女王登基时，工业革命后的铁路系统缩短了服装从工厂运送到新城市的时间，同时期，缝纫机、地毯缝纫机和洗衣机等发明对于时尚行业形成了深远的影响。当时欧洲上流社会妇女热衷于巴黎的时装（图1-5），大多数巴黎的时尚时装刊登在《少女杂志》（The Young Ladies Journal）。

1851年的万国博览会（The Great Exhibition）中也出现了一些服装纺织品的展览，如法国的丝绸制品、英国的纺织品等，但并没有出现类似现代时装秀的服装表演。

现代时装秀可追溯至19世纪60年代，英国时装先驱查尔斯·弗雷德里克·沃斯使用真人模特在巴黎展示他的作品。

在19世纪八九十年代，有一些香烟广告会使用女装时尚广告与他们的品牌相关联（图1-6），因为当时吸烟普遍是男性的爱好，所以会用时尚女性的广告形式增强品牌吸引力。

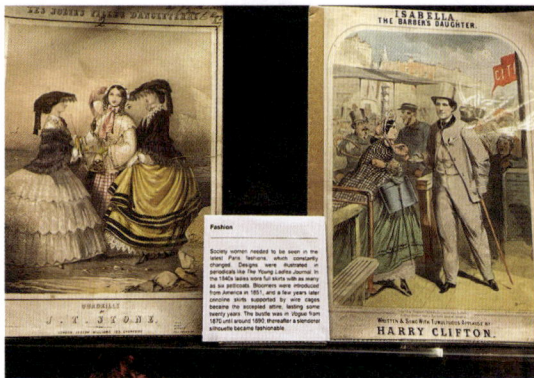

图1-5　19世纪中期时尚广告

图1-6　19世纪八九十年代香烟广告

19世纪末20世纪初，"时装游行"的活动开始蔓延到伦敦和纽约，举办了大量的小型服装展览，并且由于怕设计会被抄袭而禁止拍照。在20世纪初的芝加哥服装游行中，模特开始在T台上向媒体推出新系列的服装。

如图1-7所示为爱德华七世统治时期（1901—1910年）的时尚广告杂志，其中体现了新艺术运动对于时尚广告的影响。新艺术运动是19世纪末20世纪初对欧洲和美国产生巨大影响的一场"装饰艺术"运动，是一次内容广泛的、设计上的形式主义运动，服装艺术都受到其相当大的影响，是服装设计史上一次非常重要的形式主义运动。

随后的第一次世界大战期间，由于物资的匮乏，很多产品节省原材料以帮助战争，产品宣传人物也都是军队旗帜以及军队领导人，反映了当时以军装为主的时尚潮流。

第一次世界大战以后，由于大量退伍军人重返平民生活，导致了一波失业潮，激进的思想开始出现。由于处在大变革的时期，妇女的时尚也发生了相当大的变化，此时裙摆开始上升，同时各种新式舞蹈出现，大量短发时髦女性（图1-8）出现在时尚广告中，抽烟也成为女性的时尚之一。

同时，在1922年由于埃及图腾卡蒙墓穴被发现，当时的欧美也出现了一种古埃及美学的服装纹样和神秘的风格（图1-9）。

到20世纪30年代中期，服装表演节目初具规模。同时，装饰艺术的影响力也扩展到了商业设计的许多领域（图1-10），《广播时报》（*Radio Times*）开始雇佣平面设计师设计杂志封面。

　　这种装饰风格主导了当时的现代主义设计，从电影建筑到家居装饰，甚至影响了当时的时尚服装行业。如图1-11所示，其中的时装杂志封面已经出现了许多新式的装饰风格。相比于20世纪20年代的时尚广告，由于当时大量好莱坞电影明星推崇晒黑的皮肤，从而出现了一些黑皮肤的模特，这也成为30年代的时尚标配（图1-12）。

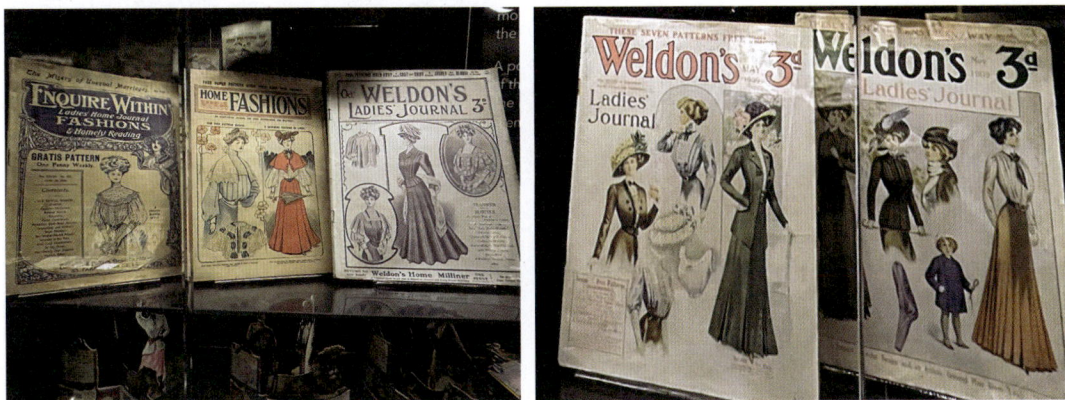

图1-7　20世纪初（1901—1910年）时尚广告

图1-8　20世纪20年代时尚杂志广告

图1-9　20世纪20年代古埃及风格杂志封面

图1-10　20世纪30年代杂志封面平面设计

第二次世界大战期间，新的价值观开始出现，政府开始推广让每个人为战争做出自己的努力的理念。因此，时尚杂志出现了大量的军事元素，大量的杂志上开始出现了领导人或者军队服装，时尚杂志的军装元素逐渐代替了之前的时尚元素。

第二次世界大战之后，手工制作的奢侈品和高级时装开始以服装表演的形式来呈现。在战后的几年，军装还是占据了时尚广告的封面。之后，开启了一个时尚新时代，其中的标志性人物之一是克里斯汀·迪奥（Christian Dior），其1947年在巴黎的首场时装秀展示了具有革命性的美学，给服装表演带来了新面貌，这种服装表演与战时的紧缩截然不同。

20世纪五六十年代，由于许多欧美家庭开始买电视机，一些时尚广告也逐渐出现在大众视野。1941年美国第一个电视广告宝路华（Bulova）出现，随后，1955年英国第一个电视广告Gibbs SR出现。自此之后，电视上也开始出现可视化的时尚广告。

在20世纪60年代，声音和光被整合到T台制作中。从那时起，时装秀就开始流行起来，经常以精心制作的服装、灯光、道具、音乐和布景为特色，并被称为"没有情节的剧院（Theater without a plot）"。同时，流行文化开始兴起，这对时尚广告具有一定的影响（图1-13）。

20世纪70年代，主流音乐开始转向炫目的摇滚乐。例如，斯莱德（Slade）是当时最受欢迎的摇滚乐队之一，他们的摇滚表演与服装表演相结合，推出了大量的奇装异服，由此可见，摇滚乐队对于时尚表演有着积极的影响。从那时起，服装表演逐渐开始与音乐会交融（图1-14）。最终，摇滚乐队的演唱会已经不仅仅是单纯的音乐表演，同时具有相当高的服装观赏性。

图1-11　装饰风格服装杂志时尚广告封面

图1-12　20世纪30年代时尚广告

图1-13　流行文化时尚广告杂志封面

图1-14　20世纪70年代摇滚乐队服装

20世纪80年代末和90年代末，超级名模的崛起及名人协会的兴起给服装表演带来了更多的改变。1991年3月，四位顶级模特一起走上T台，模仿流行音乐乔治·迈克尔的《自由》，并开启了时尚界和演艺界之间新层次的联系，从而为新一代明星模特打开了大门。

自20世纪90年代中期以来，亚历山大·麦昆和约翰·加利亚诺时装设计师因时装表演设计得像梦幻般精彩而赢得了非常高的声誉，称为奇观设计师。当代设计师在火车站、医院病房和飞机机库等场所举办服装表演，创造出一系列可以与戏剧作品相媲美的时装秀。从此服装表演本质上是艺术的体现而不是以商业为目的。

亚历山大·麦昆是一个策划服装表演的优秀设计师，为服装表演注入了大量的新鲜血液。例如，麦昆在1999年秋季时装秀上，大胆尝试了新的服装表演形式。他让芭蕾舞演员莎洛姆·哈罗（Shalom Harlow）身着素白伞裙上场，当她开始优雅旋转时，两台喷绘机不断往白裙上喷绘五彩的颜料。喷绘彩裙的表演形式在当时引起了不小的轰动。这种时装表演的创意转变，给观众留下了深刻印象，从而使观看者在服装表演中享受了不同的视觉感受。

三、中国服装表演的发展历程

在20世纪初期的上海，中国开始出现服装表演。1929年1月17日，中西服装赛艳会在天津举办，给中国早期的服装表演带来了西方时装的流行信息，还引进了西方的服装展示方法。随后由于国内政局动荡和抗日战争的缘故，服装表演一度陷入沉寂。

在1949年至20世纪60年代这一时期，国家经济建设和社会变革成为主旋律。服装作为日常生活的必需品，其设计和展示以简单和实用为主，主要以工装和军装为主，强调统一和实用。服装表演在这一时期几乎没有正式的形式，时尚概念尚未真正形成，服装表演更多的是在一些大型国有企业和工厂内部进行，用于展示工装和制服。

1970年代后期，随着国家政策的调整和文化的逐步开放，服装设计和表演开始萌芽。1978年，改革开放政策的实施使得中国逐步向世界敞开大门，外来文化和时尚理念开始渗入国内。服装表演在这一时期开始出现一些雏形，主要集中在大型国有企业和文艺团体的内部活动中。

1980年代是中国服装表演快速发展的时期。随着改革开放的深入，市场经济开始发展，人们的生活水平逐渐提高，对美和时尚的追求开始显现。国内一些大型城市，如北京、上海和广州，逐渐成为时尚的中心。1980年代初期，服装表演主要以展示实用服装为主，逐渐开始出现一些时装表演活动。1981年，北京举办了首届全国服装表演大赛，这是中国首次正式的服装表演活动，标志着服装表演进入了一个新的阶段。1980年代中期，随着外来文化的影响，国内开始出现一些时尚杂志和时装秀，服装表演活动逐渐增多。1985年，中国第一届国际服装节在北京举办，吸引了大量的国内外时尚界人士，极大地推动了国内服装表演的发展。1980年代后期，服装表演形式逐渐多样化，专业模特队伍开始形成。1987年，上海举办了首届上海国际服装文化节，进一步促进了服装表演艺术的发展。国内的服装设计师也开始崭露头角，服装表演成为展示新设计的重要平台。

20世纪90年代，我国逐渐开设模特培养专业的高校，致力于培养服装表演的人才。随着服装业的逐渐发展，我国已经形成了比较完善的集教育体系和行业体系为一体的服装表演艺术体系，培养了很多的优秀模特以及服装设计师和艺术设计师。从1993年服装设计师协会成立到现在，已经设立有时装艺术委员会、时装评论委员会、品牌工作委员会、时装模特委员会以及学术工作委员会等五个委员会，其规模和数量都有了本质上的飞跃。近年来，中国超模频频出现在国际时装秀上，其服装舞台表演艺术丝毫不逊色于国外的超模（图1-15）。

米兰国际时装周官方时装秀——米兰城市时装秀中，服装使用了大量中国元素，以头饰为例，采用了大量的京剧元素（图1-16、图1-17）。如图1-18所示，明显采用大量的中国渔夫元素，这个也是在头饰上体现得淋漓尽致。

图1-15　2023年2月米兰国际时装周——米兰城市时装秀

图1-16 米兰城市时装秀京剧元素头饰

图1-17 米兰城市时装秀京剧元素服装

图1-18 米兰城市时装秀

第三节 服装表演的价值

服装表演具有文化价值、经济价值、娱乐价值、美学价值和学术价值等。无论是高级时尚品牌表演还是视频博客服装表演又或是亚文化风格服装表演，都具有不同的价值。

一、文化价值

时尚作为一种文化现象，是人类需求和艺术创造力的表现，而服装表演则是时尚的文化价值体现。服装表演的专家用"古怪""经典"或"前卫""强烈"等模糊术语来描述不同的文化。服装表演具有非常典型的文化价值，服装表演可以展示多种风格的服装，如花花公子、波希米亚人、唯美主义者等。这种服装表演也经常会映射出反文化的时装风格，尤其是在英国和美国，在泰迪男孩、嬉皮士、朋克、酷儿等群体中，这些人物和图像构成了一种美学和文化的历史，其元素表达出不满、拒绝和叛逆。

如图1-19所示，这些皇家骑兵的礼仪服装讲述了当年英国的历史，其中黄金套件包括黄金十字腰带、剑腰带和吊带，这些只有当皇室成员正式出席时才会佩戴。衣领和袖口上绣着金橡树叶和橡子图案，是指王储敢于参加英国南北战争，并没有藏在橡树里面。如图1-20所示为军团乐队成员的礼服礼仪外套，其中

图1-19 英国皇家骑兵礼仪制服

的文化元素非常明显，尤其是胸口的皇冠和伊丽莎白二世英文简写与罗马数字组成的标志。

同时，服装表演可以通过多种形式，表现不同的文化。在亚洲，服装表演所体现的亚文化价值是通过不同文化之间的动态互动而产生。例如在《风格场景：探索洛杉矶牙买加音乐领域的实践》（*Scenarios of style: An exploration of subcultural research as embodied practice in Los Angeless vintage Jamaican music scene*）一书中展示了风格、政治和日常生活是如何紧密交织在一起的。科尔（Cole）使用一种服装表演形式重新构成了亚文化生活，她自己也以"妮娜·雷格德（Nina Reggaedelic）"的身份参与了20世纪60年代的牙买加复兴音乐，展示了亚文化中的服装如何伴随着传统而变化。

如图1-21所示，这些非洲的时尚设计将其充满活力和多变的时尚展现在人们面前，充满当地的文化气息，体现了非常浓厚的亚文化。

到了20世纪七八十年代，后现代主义标志着"文化权威危机"，尤其是西欧霸权的傲慢，通过服装表演传达着他们的文化价值。正是在这场危机中，艺术将时尚以及流行文化的其他领域作为一种新文化价值观的表现，表现出对真理和永恒概念的怀疑，从而开始偏向于短暂和流行的东西。

图1-20　乐队礼服礼仪外套　　图1-21　非洲时尚服饰

二、经济价值

在2020年，全球艺术品和古董的销售额达到了501亿美元，而全球时尚产业则价值1.5万亿美元。2018年，全球奢侈服装市场的价值约为660亿美元，2020年达到840.4亿美元。服装市场具有如此惊人的经济价值，那么作为服装市场重要组成部分的服装表演同样具有一定的经济价值。

服装表演在西方学者的研究中常被称为"身体资本"或"魅力资本"。这种概念起源于服装表演与异性吸引力及市场竞争力之间的密切联系。无论是男模还是女模，他们都通过自身的魅力吸引异性，从而吸引消费者购买时尚产品。史密斯（Smith）提出："将性别和市场的不确定性联系起来，这两个领域结合在一起，塑造了模特的身体资本，从而创造了服装表演的重要经济价值"。这表明，服装表演不仅仅是时尚展示的一种形式，更是经济活动中的关键组成部分，通过模特的魅力来提升时尚产品的市场吸引力和竞争力。

时尚品牌通常需要服装模特进行一系列的服装表演，从这个意义上来说，品牌简化了消费者的购买决策，降低了消费者的搜索成本，从经济角度来看，服装表演创造了经济价值。换个角度思考，这些奢侈的服装表演的主要目的是吸引时尚媒体的注意，而不是为了娱乐公众。因此，服装表演客观上也为时尚期刊提供了材料。时尚品牌为了获得更多的利益，促使设计师花费大量精力和金钱去设计，这使服装表演越来越精彩。相对于成本，这些服装表演与戏剧作品一样，虽然花费了大量的经费，但产生的经济价值是有限的。例如，克里斯汀·迪奥或路易·威登（图1-22）这样的大型服装公司经常会花500万美元举办一场可能只持续20分钟的演出也很常见。

图1-22　巴黎香榭丽舍路易·威登总部

图1-23、图1-24分别是Blaze和盟可睐（Moncler）在米兰的门店，如果不是因为时尚产业具有非常高的经济价值，这些品牌也不会在门店的装修上花费如此大的功夫，只为消费者多停留一会儿，从而创造一次购买的可能。

在一个结合了审美价值判断、艺术创造力和利润为

图1-23　米兰Blaze门店

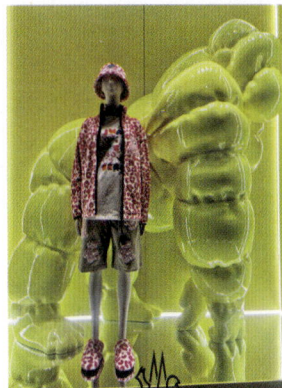

图1-24　盟可睐门店

最终目标的市场中，性别吸引与制度化的市场背景相互作用，从而产生时尚模式，由此产生了时装表演。在商业环境中，不确定性的市场约束与性别和权力关系交织在一起。制度化的模特体系也构建了劳动过程中，男模特和女模特被包装成"外表"的形式，具有一定的经济价值。

三、娱乐价值

服装表演的主要目的是吸引时尚媒体的注意，而不是为了娱乐公众。但是，在一定程度上，服装表演的确在视觉、话题等方面娱乐了大众。

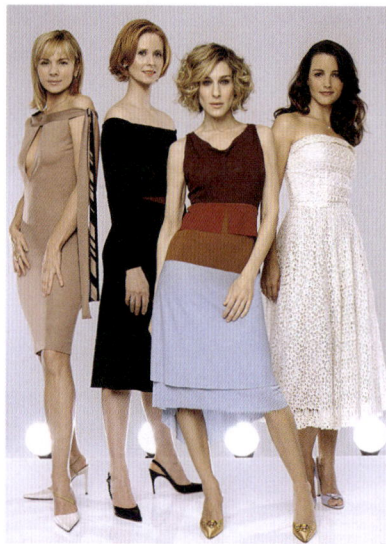

图1-25 《欲望都市》剧照

以美国电视剧《欲望都市》（*Sex and the City*）（图1-25）为例，由于这一类型节目数量的大量增长，导致时尚节目的蓬勃发展。这些表演型的衣服被赋予了意义，并鼓励观众以模仿为乐趣。有时候，我们通过电影这一娱乐方式把我们自己视为电影里的角色，通过电影主角的服装建立一种心理上的服装表演的氛围。以电影《乱世佳人》中饰演的斯嘉丽·奥哈拉的迷人模型为例，这部电影营造了一种女权主义的氛围，成为一股强大的营销力量。

服装表演的娱乐价值极大程度地帮助设计师塑造个人形象，从而有助于品牌名称和定位的树立。亚历山大·麦昆预计每一季都会制作出令人震惊、奢华的作品，即使他的作品不是最畅销作品之一，但是这种具有娱乐价值的服装表演加强了他的形象。约翰·加利亚诺和亚历山大·麦昆的礼服在奥斯卡颁奖典礼和许多电影首映式上亮相，这也是他们的服装表演融入娱乐圈的典型特征。这个过程使设计师既是艺术家，又是时尚界的一部分。这一双重角色突出了媒体在品牌发展中的重要性，这种类型的表演还将时尚与流行音乐、演艺圈和名人文化联系起来，使服装表演的娱乐价值达到了顶峰。虽然他们的动机主要是市场营销，但他们与艺术的联系也进一步模糊了时尚、艺术、戏剧和表演之间的界限，从而形成了跨媒体的表演。

马吉拉在2000年春季演出中的设计也体现了服装表演的娱乐价值。马吉拉设计了一个巨大的圆形餐桌，观众围坐在桌子旁，而穿着超大号衣服的模特们则在桌面上表演，超大的服装和大型家具的视觉冲击，充分地展现了作品的个性化。

由此可见，服装表演逐渐变得多元化，表演越有争议或越奇怪，就会获得越多的关注，而关注最终就等同于成功。

四、美学价值

服装表演对于美学的影响不容小觑。例如，20世纪20年代，一些奢侈品牌需要清冷、消瘦的年轻模特来拍摄宣传广告，从而表达品牌的风格定位。这类品牌广告就会带给人们一种过度瘦的美学价值。

未来主义者对于服装表演的美学价值也发挥了重要作用，他们强调人体美学。自20世纪80年代以来，视觉艺术杂志和博物馆展览上，服装表演与后现代主义美学有着密不可分的关系。例如，后现代美学设计师草间弥生，将点（图1-26）形成了一种不断移动的模式，让人感受美学形式的多变性。草间弥生通过自我塑造的实践，在服装表演和当代艺术实践之间建立了有趣的联系，以此来模糊服装艺术和大众媒体的边界，创造新美学。由此可见，服装表演与艺术的融合将当代艺术家定位在一个更广泛的美学中。

图1-26 伦敦街头草间弥生的点

五、学术价值

最初，高级定制在艺术史领域中被设定为研究对象，这导致了高级时尚和"日常"时尚之间的划分。因此，一开始学术界对于服装表演并没有太多的研究。但是，随着各学科边界的模糊化，许多学者对于服装表演有着不同的看法。高夫曼（Goffman）对表演的戏剧形式提出了质疑。有些学者认为，服装表演被称为象征性互动主义的社会学思想学派，高夫曼倾向于强调表演而不是互动主义。尽管如此，高夫曼从象征性的互动主义中保持了一种社会自我意识作为一个持续的过程——类似于我们每天穿着时"注意外表"的过程。这一观点为定义身份是流动的和灵活的概念奠定了基础，这将把表现与后结构主义的服装表演性概念联系起来。

概念性的时尚非常容易促成博物馆或者艺术画廊与服装表演的跨界。在很多情况下，在艺术画廊或者博物馆的服装表演与服装策展有点相似。例如，1998年，维克多和罗尔夫被荷兰格罗宁根博物馆馆长马克·威尔逊接洽，他提出为设计师提供津贴，并同意购买服装作品作为永久收藏。

学术方向的服装表演概念通过时尚教育得到加强，但往往会忽视时尚的商业价值。查拉扬的作品被称为"思想时尚"，即强调实验和创新的重要性设计。因为只有在设计师的努力不受市场需求的指导下，完全的创作自由和实验才真正有可能成功，所以，这一类的设计师相对脱离了时尚商业需求。这些设计师与美术家、艺术表演者的价值理念是保持一致的，认为他们正在为时尚界的其他领域创造价值。

自20世纪中期以来，艺术时尚界的相互作用打乱了学术学科的界限，这也是新自由主义对服装表演的影响，通过艺术家和设计师的作品来探索当代艺术的时尚。

同时，服装表演也促进了学术批判，提供了学术界批判后人类主义、新自由主义和女权主义的机会。

六、其他价值

服装表演对研究人类学、社会学也具有参考价值。例如，辛迪·谢尔曼（Cindy Sherman）的作品挑战了霸权的审美规范，服装表演实际上可能强化了欧洲时尚霸权的意识形态，如种族主义。

传统上，服装表演的主要目的不是制造舞台的音乐效果。而许多当代服装表演实际上已经与一些音乐元素相结合。一些前卫的服装表演中也会融入一些声音元素，例如，拉链打开和关闭的声音。同时，一些声音也会有其象征性的作用，如下雨的沙沙声或打开雨伞的声音，预示着开始下雨或没带伞的人们匆忙逃离。因此，服装表演也具有声学价值。

第四节　服装表演的属性

服装表演具有艺术属性、经济属性和广告属性。在艺术上，服装表演出现在博物馆和画廊中，甚至会安排时装秀和艺术品拍卖一起举办，由模特穿着时尚的服装来展示艺术画作；在经济上，优秀的服装表演可以提高人们的购买欲望，从而展现出服装表演的经济属性；在广告中，尤其是在一些互联网购物中，许多购买者会通过模特照片来选择自己需要购买的服装，甚至会因为模特的服装表演产生一定的误判，从而购买一些并不适合自己的服装产品。

一、艺术属性

服装表演具有一定的艺术属性。在20世纪80年代，视频艺术还不常见，博物馆或者画廊一般用人体模特展示服装。而新一代的艺术家和设计师对新媒体形式的传播表演模式燃起了兴趣，对当代时尚和艺术界产生了不小的影响。例如，巴黎歌剧院展出了大量具有艺术感的舞台服装（图1-27），这

图1-27　巴黎歌剧院服装

些服装的用途主要为歌剧、话剧、舞台剧甚至舞蹈的表演。因此，这些服装的艺术属性体现在其舞台上的表演中。

　　与舞台表演一样，舞美设计师的设计重点不止在服装上。在大多数情况下，它们看起来就像迷你剧，配有角色、特定的地点、相关的乐谱和明确的艺术主题。

　　道具设计师围绕着一个抽象的概念进行设计，在视觉艺术上会令人惊叹，但缺乏与特定的时间或地点相关联的叙述。以查拉扬 1999 年秋季的展览为例，Chalayans Fall 1999 show 是对机械时代的庆祝，具有机械美学之感（图 1-28）。在他 2000 年春季的展览中，在结局中使用了类似的舞台设置，模特们不仅仅是一个接一个地在 T 台上走，而是以当代芭蕾艺术的方式移动。

　　结构设计师的作品通常可以被解读为雕塑艺术，虽然结构设计师主要关注的是艺术形式，但概念上对服装的影响也很重要。他们的设计总是围绕着概念来构思，但却是通过物理的而不是抽象的表现来实现。如图 1-29、图 1-30 所示，这些位于伦敦巴比肯艺术中心的服装展览更加倾向于表达一种艺术观点，即可持续设计理念。例如，2023 年 3 月巴黎时装周的 Flying Solo 展览，这些服装提取了大量具有雕塑感的元素，将服装表演以具有雕塑感的形式展现在大家面前（图 1-31）。最具代表性的是米兰时装周的 Suitex international 品牌的服装头饰，其充分融合了雕塑和服装表演，使服装表演的艺术属性体现得淋漓尽致。

图 1-28　Chalayans Fall 1999 show

图 1-29　Go Beyond 服装

图 1-30　Go Beyond 服装表演

图 1-31　巴黎时装周 Flying Solo 服装款式

马吉拉和川久保玲经常试图将极简主义、抽象主义、后现代主义、解构主义转化为可穿戴的形式进行服装表演，因此得到了艺术界的广泛关注。特别是川久保玲，她在纽约切尔西区一个当代画廊社区开了一家商店，吸引了大量的粉丝，这一大胆的举动进一步加深了她对艺术品的认同，她的目标客户变成了"渴望穿一件艺术品"的消费者。结构设计师的服装可以解释为"可穿戴的艺术"，其服装秀可以被解读为时尚、艺术和表演。

大量行为艺术家曾与设计师赫尔穆特·朗（Helmut Lang）、路易·威登（Louis Vuitton）合作，并在普拉达画廊展出。

二、经济属性

在时尚市场上，服装生产商必须应对不稳定的市场需求、不断变化的艺术和商业规则，这些都是由经济属性所带来的结果。为了追求更多的盈利，服装表演有时候需要大量的金钱对模特进行化妆或者进行一定的人设塑造，正如美国《职业展望手册》所指出的那样："因为时尚经常变化，对模特外观的需求可能会有波动。"这些不确定性都是由于服装表演的经济属性，只能跟着市场环境改变自身。例如，在2023年2月26日的米兰国际时装周国际奢侈品活动中，进行了以服装表演为主的艺术品售卖活动（图1-32）。

服装表演受到经济属性的影响，年轻的模特更加吸引眼球，会带来更大的经济利益，所以模特的职业生涯往往是13岁到25岁，一名模特可以通过管理自己的身体素质来延长职业寿命，但无法逃避随着年龄的增长带来的职业阻碍。

图1-32　米兰国际时装周画作售卖

三、广告属性

服装表演的一个重要作用就是广告宣传，以此吸引消费者购买产品。时尚模特通常会在商业平面广告、时装秀和杂志中利用自己的气质魅力给时尚产品提升一定的视觉效果。服装表演现在也适用于出版、电影、音乐、时尚等行业。如图1-33所示的2023年3月巴黎国际时装周秀，设计师通过国际性的服装表演作为广告，宣传自己的服装品牌。同时，消费者需要通过购买服装产品来彰显自己的身份地位、社会阶层等，时尚

图1-33 巴黎国际时装周秀

广告中的这种形象为消费者提供了身份联想，广告中的图像可以通过增强消费者的情绪来想象那种情绪感觉和视觉效果。因此，时尚品牌需要通过广告来宣传品牌的优势，增加消费者对于品牌的了解，从而促使消费者购买产品。

第五节　服装表演现状

参照国内高校对大学生的培养方向，服装表演专业的学生要具备强烈的责任意识、科学的理性认识、领先的审美判断，较扎实的专业知识和创新思维，能从事服装表演相关工作，具有相关沟通、策划等能力，能承担服装表演专业教育培训工作，具备自主创业能力，能适应我国社会主义现代化建设需要的高层次、应用型服装表演专门人才的标准，以及能迎合国家社会经济文化发展多种需要的复合型应用人才的需求。

近几年国内艺术消费市场升级，出现了以"80后"一代为主体的"家长"消费群。市场上也出现了许多新型的艺术特长培训，如马术、高尔夫、人工智能以及模特等。其中，服装表演专业培训分为三类：少儿模特培训、艺考培训及服装表演师资培训。

一、高校服装表演专业培养现状

高校服装表演专业的国内核心课程有中外服装史、镜前造型、时装表演、服装编导与组织、语言表达艺术等。在专业知识构架中，要求其系统掌握服装表演与时尚设计专业基础知识及核心知识。了解专业研究对象的基本特性和专业最重要的理论前沿、研究动态；能够运用艺术的理论与方法观察和认识服装表演问题；了解所学服装表演与时尚设计专业领域的基本理论与方法并掌握一定的创新创业基础技能；掌握服装表演创意、表达、沟通、加工的基本方法；掌握服装表演与设计论文撰写的基本规范；能基本胜任本专业领域内服装表演类的策划、创意、组织及实施；具备相应的外语、计算机操作、网络检索能力；可使用一门外语熟练进行学术检索与信息交流，并能够查阅和利用相关的外文资料；具备制作图形、模型及方案的能力，运用文献、数字媒体以及语言手段进行专业沟通及学术交流的能力；以及参与社会性传播、普及与应用服装表演与设计知识的能力。此外，服装表演专业需掌握服装与服饰设计的基本原理与方法，具有服装表演与时尚设计的综合创新表达能力。服装表演专业的学生还应该具有优良的道德品质，树立正确的世界观、人生观、价值观，自觉践行社会主义核心价值观；具备强烈的服务社会意识、责任意识及创新意识；具备自觉的法律意识、诚信意识、团队合作精神；掌握本专业学科基本知识的基础上，具备较为完善的符合专业方向要求的工作能力、有良好的表达能力、沟通能力及协调能力；有较高的人文素养、审美能力和严谨务实的科学作风；身心健康，能通过教育部规定的《国家学生体质健康标准》测试（图1-34）。

图1-34　高校服装表演专业经纪公司面试

二、社会服装表演专业培训与运营状况

少儿模特作为教育培训行业中的一个分支正蔓延于国内市场。少儿模特培训分为两类，一类主要培养孩子的气质，另一类往职业方向发展。两类课程的侧重点均不相同，第一类主要针对3~12岁儿童的形体塑造与气质培养，主要课程有站姿、走姿和形体等综合训练，主要目的是培养孩子的自信与体态；第二类是专注3~12岁儿童全方位多栖发展，除基础课程外，还有舞能、艺能、唱歌、表演等课程，培训机构会为优秀的学员提供相关少儿模特拍摄、秀场活动等专业舞台表演的机会，深受学生及家长的喜爱。

服装表演专业在艺考中是一个小众的艺术专业，因为对学生的外在条件，尤其是身高、体重、比例比较看重以及招收此专业的大学相对较少，所以考生也相对较少。但市场上仍有不少相关培训机构，其培训内容主要是：服装表演台步技巧、体能训练、才艺表演和形体训练等。艺考生如果想通过模特艺考考上自己理想的大学，必须先到一些专业的模特培训学校进行专业的训练，参加专业课的考前培训，经过专业的模特培训才会进步更快，掌握模特专业考试技能，考前做好这些准备，才有可能获得好成绩。

随着少儿模特培训市场（图1-35）逐渐扩大，少儿模特教师需求量增加，大量师资培训机构应运而生。目前，我国以CCAC、UNCMC和CIP分别组织举办的少儿模特师资训练营为行业内认可。

图1-35 社会服装表演专业少儿培训

（1）CCAC少儿模特师资培训：CCAC（少儿艺术专业委员会）是中国文化信息协会指导成立的专注于少儿艺术领域的权威机构。进行CCAC师资培训的教师均由中国文化信息协会少儿艺术专业委员会（CCAC总部）进行统一培训，由国内知名院校服装表演学科带头人授课，并且是经过资质审核、认定的师资团队，该团队代表目前少儿模特一线教师的最高教学水平，也是当前少儿模特师资培训班的"教练团队"，同时肩负着编纂修订"CCAC少儿模特教学体系"等相关教材资料的学术任务。

（2）UNCMC少儿模特师资培训：中国纺织服装教育学会少儿模特工作委员会（UNCMC）是由中国纺织服装教育学会牵头组建和管理，对少儿模特教育教学工作进行研究。在少儿模特教材研发方面，结合国学礼仪、形体塑造、天性释放、心理疏导、英文指令于一体，拥有五大课堂特色与九步教学方法，为我国少儿模特行业做出不小的贡献。联合全国高校专业教师共同开发《UNCMC中国少儿模特教育体系培训教程》，培养专业的少儿模特师资力量。

（3）CIP少儿模特师资培训：国际职业认证管理协会（CIP）是在全球范围内从事国际职业资格认证的专业机构，由世界一流的专家和教授组成。协会的总部位于英国伦敦，中国总部位于深圳，提供并颁发注册国际职业经纪人、模特、形象设计师、舞蹈师、培训师等认证，是目前国内唯一一家涵盖整个艺术类认证项目的专业认证协会。CIP的人才培养和认证模式深受欢迎，在美、亚、非、欧四大洲建立了多个培训基地，与CIP中国总部合作成立的认证考试中心机构有近1600家。汇聚了来自全国各地的优秀模特导师，每年对考级大纲进行核心考点升级，考级内容严格按照学生课时相对应的能力编撰，并且考查范围全面，包括眼神表情、动作协调、道具展示及才艺表演环节。

CIP国际职业认证的少儿模特由CIP国际职业认证管理协会颁发，受到国际认证，国际国内双证齐发，并且终身有效。通过CIP的少儿模特等级认证，有机会参加由国际职业认证管理协会每年举办的各项专业大赛，优胜者将获取参加电视电影拍摄和公众亮相的机会。

模特教育市场前景广阔，市场上服装表演专业培训机构的数量也在逐年增加，但是在运营上存在一些问题。首先，由于学习模特的准入门槛偏低，缺乏有效的评判标准和监管，模特培训市场服务质量参差不齐。其次，开设一个模特班级前期投入资本小，似乎任何人都可以担当教学任务，且机构内教师资源不长久，更换频繁，教学体系不系统不完整，教学内容缺乏产品特色，容易被同行复制其核心，导致课程同质化问题。因此，想要办好一所服装表演专业培训机构，需要解决以上两个问题，不断完善，构建完整的教学系统。

三、国内服装表演的现状

近年来，中国的服装表演产业迅速发展，呈现出多样化和国际化的趋势。中国设计师和品牌通过多个知名时装周和创新的数字化展示平台在国内外市场崭露头角。本文将通过几个具体案例，探讨中国服装表演的现状及其在设计创新、文化融合、市场拓展和可持续发展方面的成就。

首先，中国国际时装周作为国内最重要的时装展示平台之一，汇聚了众多品牌以展现设计创新。以李宁为例，这一中国本土运动品牌在中国国际时装周上展示了其融合中国传统元素和现代设计的"悟道"系列。该系列以中国文化为灵感，通过现代设计语言和高科技面料，体现了品牌的创新和文化自信。李宁不仅在国内受到广泛关注，还成功进入了巴黎时装周，进一步提升了品牌的国际形象，标志着中国品牌在全球时尚舞台上的崛起。

其次，国内服装表演展现了显著的文化融合特征。上海时装周作为另一重要的时尚盛会，吸引了大量国际买家和媒体的关注。陈安琪（Angel Chen）作为中国年轻一代设计师中的佼佼者，在上海时装周上展示了其独特的设计风格，巧妙结合东西方文化元素。她的设计以鲜艳的色彩和大胆的剪裁著称，并成功与国际品牌如H&M和阿迪达斯（Adidas）合作，进一步扩大了品牌的影响力。陈安琪的成功展示了中国设计师在国际时尚界的潜力和影响力。由李雨山和周俊创立的珀琅汐（PRONOUNCE）品牌，通过融合中国传统文化和现代设计，创造出独特的时尚风格。在伦敦时装周上，珀琅汐（PRONOUNCE）展示了以丝绸之路为灵感的系列，结合现代剪裁和传统工艺，赢得了国际时尚界的高度评价。这不仅展示了中国设计师的创意和技艺，也体现了中国文化在国际时尚舞台上的新表达。

再次，国内服装表演在市场拓展方面也取得了显著成就。数字化技术的应用为时尚产业带来了新的机遇。Tmall China Cool 是天猫推出的一个时尚项目，通过数字化平台展示中国新锐设计师的作品。2020 年的线上时装秀吸引了数百万观众，通过直播和虚拟现实技术，打破了传统时装秀的时空限制。这种创新的展示方式不仅提高了品牌的曝光率，还为观众提供了一种全新的时尚体验，展示了中国在数字化时尚领域的前沿探索。电商平台的崛起也为中国服装表演带来了新的契机。希音（Shein）作为中国快速时尚品牌的代表，通过线上平台和社交媒体迅速扩展全球市场。希音通过大数据分析和快速供应链，能够迅速响应市场需求，推出大量时尚新品。希音的成功反映了年轻消费群体对个性化和即时消费的需求，也显示了互联网对时尚产业的深远影响。通过希音的案例，可以看出中国品牌在全球市场上的竞争力和创新能力。

最后，可持续时尚在中国逐渐受到重视。之禾（Icicle）作为中国领先的可持续时尚品牌之一，在多个时装周上展示了以环保材料制成的时装系列。品牌强调自然、环保和人文理念，所有产品均采用有机棉、天然纤维等环保材料。之禾不仅在国内市场受到欢迎，还在巴黎开设了旗舰店，标志着中国可持续时尚品牌在国际市场上的成功。之禾的案例展示了中国品牌在全球可持续时尚领域的影响力。深圳时装周作为新兴的时尚展示平台，为许多新锐设计师提供了展示机会。刘小路（Dido Liu）是深圳本土崛起的新锐设计师，其品牌刘小路在深圳时装周上展示了多个系列，注重新材料和环保设计，吸引了许多年轻消费者的关注。刘小路品牌在设计中大量使用环保材料，例如再生纤维和可降解面料，体现了可持续发展的理念。这不仅展示了设计师的环保意识，也迎合了当前全球时尚产业向可持续发展的趋势。

综上所述，通过上述案例可以看出，中国的服装表演产业在设计创新、文化融合、市场拓展和可持续发展等方面展现出多样化的发展。通过这些实际例子，可以更加清晰地了解中国时尚产业的现状及其国际化进程。中国的时尚产业正以蓬勃的姿态迈向更加多元和全球化的未来。

四、国外服装表演的现状

近年来，以纽约时装周、伦敦时装周（图 1-36）、米兰时装周（图 1-37）和巴黎时装周（图 1-38）为主的国外时装表演呈现出多元化、数字化和可持续化等多种发展趋势。通过具体案例，我们可以更清晰地了

图1-36 伦敦时装周（Finest fashion）

图1-37　米兰时装周（米兰城市时装秀）

图1-38　巴黎时装周（巴黎城市时装展）

解国外服装表演的现状及其未来发展方向。

首先，数字化与虚拟时装秀已经成为时尚行业的重要趋势。巴黎世家（Balenciaga）2021秋冬系列的虚拟时装秀标志着数字化深刻影响着时尚行业。巴黎世家采用了虚拟现实技术，观众可以通过VR设备身临其境地观看时装秀，享受360度无死角的视觉体验。这场秀不仅展示了前沿的时尚设计，还通过虚拟技术打破了传统时装秀的空间限制，开创了一个全新的沉浸式观秀体验。同样，普拉达（Prada）2021春夏系列在疫情期间通过数字化方式推出，通过线上直播让全球的观众实时观看时装秀。普拉达还在社交媒体平台上设置了即时评论和提问环节，增强了互动性和观众参与感，展示了数字化在时尚传播中的巨大潜力。

其次，可持续时尚在近年来的时装秀中占据了重要地位。Stella McCartney2023春夏系列展示了品牌对环保和可持续发展的承诺。作为可持续时尚的倡导者，Stella McCartney在其时装秀上展示了大量使用环保材料的服装，包括用再生塑料制成的面料和可生物降解的纤维，强调了时尚与环境保护的结合。与此同时，加布里埃拉·赫斯特（Gabriela Hearst）2022秋冬系列也以可持续为主题，所有服装都采用了环保材料，如有机棉、再生羊毛等。秀场布置尽量减少碳足迹，所有装饰物资都可重复使用或回收，体现了品牌在可持续时尚方面的创新实践。

再次，多元化与包容性也是当今时装秀的重要特征之一。芬缇（Fenty by Rihanna）2020时装秀通过展示不同种族、身材和性别身份的模特，强调了多元化和包容性的重要性。蕾哈娜（Rihanna）的品牌芬缇打破了传统时尚界的单一审美标准，展示了高度的多样性。汤米·希尔费格（Tommy Hilfiger）2021春夏系列则与格莱美奖得主 H.E.R. 合作，推出了一个强调包容性的系列。时装秀不仅展示了各种身材和种族的模特，还特别关注残障人士，展示了适合各种不同需求的设计，进一步推动了时尚界的多元与包容。

跨界合作与科技应用也在时装秀中展现出独特的魅力。路易威登（Louis Vuitton）2022春夏男装秀与艺术家和音乐人合作，利用增强现实技术（AR），观众可以通过手机应用体验到虚拟模特和服装展示，增强了视觉体验的趣味性和互动性。迪奥（Dior）2021秋冬系列则与数字艺术家合作，利用投影技术和互动装置，创造了一个梦幻般的秀场环境，观众可以通过互动装置参与到秀场的艺术创作中，展示了科技与时尚的深度融合。

最后，传统与现代的结合在时装秀中也得到了充分体现。香奈儿（Chanel）2022春夏高定秀在巴黎大皇宫的秀场上展示了结合传统手工艺和现代设计的高定系列。秀场布置参考了经典的巴黎建筑风格，同时融入现代艺术元素，展现了品牌对传统与现代结合的深刻理解。Gucci 2021秋冬系列则融合了古典音乐与现代流行文化，秀场设计灵感来源于意大利文艺复兴时期的建筑，同时以现代灯光和音效技术营造出独特的氛围，展示了品牌对历史与现代的双重敬意。

综上所述，这些具体案例展示了当前国际时装秀的多样化和创新性。高科技的应用、可持续时尚的倡导、多元化的推动以及数字化转型，正深刻影响着时尚产业的发展方向。

五、高科技对服装表演的影响

高科技在服装表演中的应用为时尚产业带来了翻天覆地的变化，不仅在视觉和体验上带来了前所未有的冲击，也在设计、生产和展示等环节推动了行业的革新。高科技对服装表演主要体现在以下几个方面：智能面料与可穿戴技术、虚拟现实（VR）和增强现实（AR）、3D打印技术、数字化时装秀与直播技术、大数据与人工智能和可持续时尚与环保科技这几个方面。

第一，智能面料与可穿戴技术在服装表演中具有一定的影响。香奈儿（Chanel）2020春夏高定秀，通过智能面料展示了未来时尚的可能性。光学变色面料的应用不仅仅是一个视觉效果的提升，更是对材料科学和时尚设计深度结合的一次尝试。这样的创新不仅吸引了观众的眼球，也为时尚设计师提供了新的创作工具和灵感。谷歌（Google）与李维斯（Levi's）合作的智能夹克（Project Jacquard）展示了服装的功能性提升。通过嵌入导电纤维，智能夹克不仅是穿着的物品，更成为与外界互动的界面。这种技术在时装秀中的应用，不仅展示了未来服装的实用性，还向观众传递了科技与时尚结合的无限可能。

第二，虚拟现实（VR）和增强现实（AR）技术在服装表演中的应用，正在为时尚产业带来革命性的变化。巴黎世家2021秋冬系列的VR时装秀彻底打破了传统时装秀的空间限制。通过虚拟现实技术，观众可以在任何地方体验时装秀的魅力。这不仅扩展了观众的范围，还为品牌提供了一个更广泛的展示平台，提升了品牌的全球影响力。Burberry的AR购物体验展示了购物体验的未来。通过增强现实，消费者可以更直观地看到服装的上身效果，这种技术在时装秀中的应用，不仅提高了观众的参与感，还增强了购物的便捷性和趣味性。

第三，3D打印技术在服装表演中的应用正在为时尚产业带来深远的影响，推动了设计、制作和展示方式的革新。艾利斯·范·荷本（Iris van Herpen）的3D打印服装展示了时尚设计的未来方向。通过3D打印技术，设计师可以创造出传统工艺无法实现的复杂结构和形状。这种技术的应用，不仅提升了时装秀的观赏性，还为时尚产业提供了新的设计和生产方法。3D打印技术使设计师能够快速迭代设计，减少了传统服装制作中的样品生产时间和成本，推动了时尚产业的创新速度。

第四，数字化时装秀与直播技术在服装表演中的应用正在彻底改变时尚产业的运作模式和观众的体验方式。Tmall China Cool的数字化时装秀展示了疫情期间时尚产业的应对措施。通过直播和社交媒体互动，品牌不仅保持了与观众的联系，还创造了一个全新的互动平台。这种模式不仅适用于特殊时期，也为未来的时尚展示提供了新的思路。路易威登2020春夏男装秀的多视角直播技术提升了观众的观看体验。通过不同的摄像头视角，观众可以全面了解时装秀的每一个细节，这种技术的应用，不仅增强了时装秀的真实感，还提高了观众的参与度和满意度。

第五，大数据与人工智能（AI）在服装表演中的应用正在为时尚产业带来深刻的变革和冲击。这些技术不仅提高了时装秀的效率和效果，还为设计、生产、营销等环节提供了新的思路和工具。其中，希音通过大数据和人工智能迅速响应市场需求。这种技术的应用，不仅提高了品牌的设计和生产效率，还使得时装秀更加精准和有针对性。通过数据分析，品牌可以更好地了解观众的喜好和趋势，从而策划出更受欢迎的时装秀。汤米·希尔费格利用人工智能预测流行趋势和消费者偏好。通过对大量数据的分析，品牌可以更科学地进行设计和展示。这种技术的应用，不仅提升了时装秀的效果，还增强了品牌的市场竞争力。

第六，可持续时尚和环保科技在服装表演中的应用正在深刻改变时尚产业的面貌，推动行业向更加环保和可持续的方向发展。Stella McCartney通过环保材料和绿色科技展示了可持续时尚的可能性。利用再生塑料和生物基材料，品牌不仅传递了环保理念，还为时尚产业提供了新的发展方向。这种技术的应用，不仅提升了品牌形象，还推动了整个时尚产业的可持续发展。可持续时尚的理念在时装秀中得到体现，不仅提高了品牌的社会责任感，还吸引了更多关注环保的消费者。

综上所述，高科技在服装表演中的应用，已经成为时尚产业不可或缺的一部分。从智能面料、VR/AR技术到3D打印、大数据和人工智能，每一种技术的应用都为时装秀带来了新的可能性和突破。未来，随着科技的不断发展，时尚产业将会迎来更多的创新和变革，为观众和消费者带来更加丰富和多样的体验。高科技不仅提升了服装表演的视觉冲击力和互动性，还推动了整个时尚产业的进步和发展。

本章小结

■ 服装表演的一个重要作用就是有广告效果，以此吸引消费者进行购买时尚产品。时尚模特通常会在高级时装秀、商业平面广告杂志中以自身的魅力给时尚商品提升一定的视觉效果。

■ 服装表演具有文化价值、经济价值、娱乐价值、美学价值和学术价值等多种价值。

■ 服装表演具有艺术属性、经济属性和广告属性。

思考题

1.普通广告与时尚广告的区别是什么？

2.服装表演这一专业是如何形成的？

3.简述服装表演的分类。

4.简述服装表演和时尚广告的价值。

第二章
服装表演人才的培养

课题名称：服装表演人才的培养

课题内容：1.专业意识的培养

2.专业素质的培养

3.艺术素养的提升

4.模特职业化发展与推广

课题时间：8课时

教学目的：提升学生的专业素质与意识、了解专业未来职业发展趋势

教学方式：理论教学与实践教学相结合

教学要求：了解专业要求，提升自身专业素养，对编导专业知识进行课后实践，为自
己的未来职业规划树立目标

课前（后）准备：1.课前了解专业理论知识

2.课后将所学知识结合自己的想法进行社会实践

本专业学生应具备良好的道德品质，树立正确的世界观、人生观、价值观，自觉践行社会主义核心价值观；具备强烈的服务社会意识、责任意识及创新意识；具备自觉的法律意识、诚信意识、团队合作精神；具有开阔的国际视野和敏锐的时代意识；在掌握本专业学科基本知识的基础上，具备较为完善的、符合专业方向要求的工作能力；有良好的表达能力、沟通能力及协调能力；有较高的人文素养、审美能力和严谨务实的科学作风；身心健康，能通过教育部规定的《国家学生体质健康标准》测试。

第一节 专业意识的培养

模特不仅要具备较好的身体条件，还要具备相关的专业意识，包括模特平时科学的饮食安排、面部皮肤管理、专业体型塑造、动态造型的管理控制等。

一、饮食的科学性

保持标准体型是对模特的基本要求，而养成良好的饮食习惯对于保持标准体型至关重要，当摄取的热量小于人体消耗的热量时，体重就会减轻。想要保持模特的标准体型，必须辅以合理的饮食，为此需要做到：

（1）注意饮食的营养均衡，保证各种营养的全面摄入（图2-1）。

（2）可以遵循"少食多餐"的规律进食，每餐可以定时少量摄入，这样人体能更有效地代谢少量摄取的热量。

（3）适当控制热量摄入，在保证营养均衡的前提下，可以根据食物的热量进行荤素搭配。

（4）糖和油脂类尽量少食。糖提供的营养元素很少，却能够提供较多热量，为保证身体健康和有效控制体重，建议避免摄入过多。

（5）适当吃一些碳水化合物对身体大有益处。一些优质的粗纤维食物，如各种粗粮或者带茎的蔬菜，可以促进肠胃蠕动，加强消化，防止便秘，有益于身体的新陈代谢。

（6）避免不吃早餐，经过一夜和长

图2-1 日常饮食的均衡搭配

时间空腹，体内储存能量的保护机能增强，午餐吃下去的食物更容易被机体吸收，也最容易形成皮下脂肪。同时早上血糖容易过低，脑意识反应会较为迟缓。不吃早餐还容易患胃溃疡及十二指肠溃疡、胆结石等疾病。

（7）建议定时称体重，每天同一时间同一状态下，测量体重并进行比较，就能切实地掌握体重的变化，如每日早上空腹称重。饮食摄入可根据体重变化进行调整。

（8）坚持长期运动，运动会刺激食欲，更要管控好你的饮食，运动一旦停止，饮食又未得到良好的控制，之前的努力将功亏一篑。

（9）运动前后的1~2小时内不要进食，胃里有食物去运动会导致胃下垂，同时人在饥饿状态下运动时，血糖下降，身体会调用肝糖来提供热量，以达到燃烧脂肪的目的。运动后，人的新陈代谢旺盛，急需能源补充，并且吸收性特别强，此时进食身体会超量吸收。

二、面部专业要求

模特是引领时尚的标杆，所以模特不管是在服装走秀、广告拍摄、活动宣传、参加比赛、面试以及平时形象打理等过程中，都需要针对不同的情况对自己的形象进行管理（图2-2）。良好的形象管理会让你在模特的专业领域中得到更多的机遇。作为一名时装模特，要能够把握时尚的脉搏，了解服饰、妆造的流行趋势，了解自身的优缺点，更需要具备化妆能力，从而使自己具有较强的审美和动手能力，对于模特的面部要求需要我们了解以下内容。

图2-2 模特的面部形象管理

（一）皮肤的分类与保养

1.干性皮肤

干性皮肤的主要特点是油脂分泌少，皮肤干燥，容易产生细小皱纹，皮肤细腻，不易长痘但易敏感、长斑。化妆后不易掉妆，但容易起皮卡粉。想要缓解干性皮肤的缺点，首先需要补充充足的水分，平时多喝水，经常敷面膜，面部保养保湿，多吃水果、蔬菜。

2.中性皮肤

中性皮肤的主要特点是水分、油分、酸碱度适中，皮肤光滑、细嫩柔软、富有弹性，红润而有光泽，毛孔细小，是最理想肤质。中性皮肤的人较少，这种皮肤一般炎夏易偏油，冬季易偏干。平时注意皮肤的清洁、保养，注意补水和调节水油平衡。

3.油性皮肤

油性皮肤的主要特点是：油脂分泌旺盛，面孔T部位油光明显，毛孔粗大，触摸有黑头，皮质厚硬不光滑，皮纹较深，外观暗黄，肤色较深，皮肤偏碱性，弹性较佳，不容易起皱纹，对外界刺激不敏感。皮肤容易出油脱妆，易产生粉刺、暗疮。油性皮肤应注意补水及皮肤的深层清洁，控制油分过度分泌。

4.混合性皮肤

混合性皮肤表现特征为一种皮肤呈现出两种或两种以上的肤质，多见为面孔T部位易出油，其余部分则干燥，并时有粉刺发生。混合性皮肤在使用护肤品时，先滋润较干的部位，再在其他部位用剩余量擦拭。注意适时补水，补充营养成分，调节皮肤的平衡。

5.敏感性皮肤

敏感性皮肤表现特征为皮肤较敏感，皮脂膜薄，皮肤自身保护能力较弱，易出现红、肿、刺痒、痛和脱皮、脱水现象。敏感皮肤的人洗脸时，水不可过热或过冷，要使用温和的洗面奶洗脸。尽量选择适用于敏感性皮肤的护肤品和美妆产品。

（二）皮肤护理（图2-3）

1.化妆前的皮肤护理

（1）清洁面部：使用适合自己的洁面产品对面部进行清洗。

（2）化妆水：平衡面部的酸碱度，补充皮肤水分和营养。

（3）润肤：使用乳液及面霜产品，使面部滋润，容易卡粉的部位可以厚涂。

（4）妆前隔离：涂抹妆前乳或隔离霜，起到隔离彩妆、保护皮肤的作用。

（5）防晒：涂抹防晒，可以杜绝紫外线对皮肤的辐射，避免晒黑。

图2-3　模特的面部皮肤护理

2.化妆后的皮肤护理

（1）眼唇部卸妆：眼唇部的彩妆不易卸除，需使用专业的眼唇卸妆产品。

（2）面部卸妆：用面部卸妆产品对全脸的妆容进行溶解、卸除。

（3）全面深层清洁：使用深层洁面产品，把脸上的残余妆容彻底洗干净。

（4）化妆水：平衡皮肤，收缩毛孔，补充水分与营养。

（5）眼霜与润肤：使面部得到全面滋润，保持皮肤健康状态。

3. 每周的皮肤护理

（1）去角质：用角质凝胶或磨砂膏等去角质产品，对面部进行深层清洁。

（2）面部按摩：增加面部的血液循环，促进新陈代谢。

（3）敷面膜：补充皮肤水分，吸收营养，使皮肤得到保护与改善，变得更健康。

（三）化妆造型能力

1. 了解自己的脸型及面部结构

由于模特职业的特殊要求，模特要上镜，在舞台上要有气质、漂亮、有个性，所以，一般情况下，模特的脸不能有太多瑕疵。可是有很多的模特面部状态并不是十全十美，需要通过修饰面部轮廓、面部结构，使她们更上镜。这就需要模特了解自己的脸型及面部结构，掌握修饰面部的技巧，可根据粉底的深浅、腮红位置的变化以及眉形、眼形、唇形的变化，使面部产生视错觉，趋于标准，让自己更加完美。同时在化妆师化妆时也能提出更好的建议，使自己更能符合整体要求，与展示的服装协调统一（图2-4）。

2. 了解妆造的流行趋势，培养审美意识和创作能力

服装模特要紧跟流行趋势，了解时尚的妆造，注意妆造与服饰的搭配及所要展示的内容等，提高对妆造美的感受能力。不管秀场还是平面拍摄，我们要多去分析模特的造型美，只有不断培养自己的审美意识，提高自身的审美能力，增强对时尚妆造的感受力，才能在舞台上把服装展示得淋漓尽致，这也是服装模特的一个基本素质。

3. 要有化妆的技术和能力

模特不是随时都配备化妆师的，在日常生活和面试工作中，模特可以通过化妆给观者不一样的感觉。例如，去参加一个面试，可以事先了解品牌风格，其设计师的喜好，有针对性地对自己进行装扮，这样可以大大提升模特的面试通过率，所以，化妆的技术能力对于模特来说非常重要。

三、形体专业要求

模特的基本条件就是形体，即人的整体外形（图2-5）。基本条件对模特的职业生涯来说是最重要的一项因素，如果基本条件达不到所要求的标准，其他方面再好，

图2-4　模特的脸型及面部结构

也不能成为优秀模特。服装经过模特的动态展示被注入活力，服装的艺术魅力通过服装模特的形体动作表现出来。世界各国的服装设计师都按标准尺寸制作样衣，所以模特的形体必须符合标准尺寸。因此，模特的形体也成为其所展示的服装能否被观众理解、接受的主要因素之一。这里所说的形体包括身高与体重、比例、脸型与五官、颈长与肩宽、三围、四肢、手脚的形态。

（一）身高与体重

身高是模特基本条件中的首要条件，尤其是对走台模特来说，往往先看其身高条件，在此基础上，再看其他条件。因为选用"超常型"的走台模特，就如同放大了的"衣服架子"，可以使观众清楚地看出服装的款式、结构、面料质感及服装色彩。特别是在走台时由于模特身高、腿长能让人感受到服装的动态美感，很容易吸引观众的注意力，具有良好的展示效果。此外，模特的体重直接影响到模特的整体美感和表达力，所以控制模特的体重也是一个很重要的问题。

图2-5　模特的形体要求

女模特的身高一般在175～180cm之间，体重应控制在50～55kg范围之内，身材应修长、匀称，强调线条流畅，整个身体呈S形，给人的感觉应是轻盈而优美。男模特的身高一般在180～190cm之间，体重应控制在75～80kg范围之内，身体应强壮，但不能过分健壮，强调肌肉线条及力量感，整个身体呈T型，给人的感觉应是阳刚健美的，同时又要有些深沉，显示出一种积极向上的精神风貌。由于东、西方地理差异和自然环境的不同，在人的肤色、骨骼和人体的外形上均存在着一定的差异。西方人与东方人相比，普遍显得高大且丰满一些，所以西方的女模特身高一般在176～182cm之间，男模特身高一般在186～192cm之间。

对商业模特、试衣模特身高条件的要求，可以较走台模特适当放宽。测量身高时，模特应目视前方，两脚平稳踩地，两臂自然下垂，不能塌腰，要保持腰背自然挺立状态。测量体重时，模特只能穿内衣，平稳地站在体重计上进行测量。测量误差不能超0.5kg。

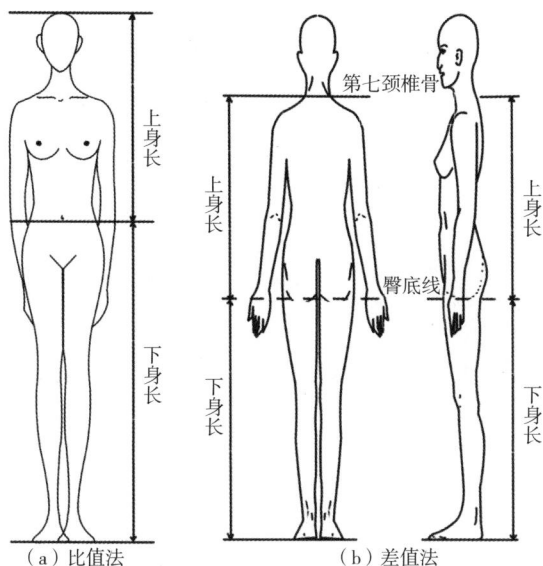

图2-6　模特上下身比例测量

（二）比例

人体比例是决定人体美的直接因素，模特是人体美的具体体现者。因此，对模特的身体比例要求较高。

1.上下身比例

测定人体比例有两种方法，一种是比值法［图2-6（a）］，测量时以肚脐为上下身分界点，从头顶到肚脐的高度为上身长，从肚脐到脚底的长度为下身长。模特的下身应长于上身，测得下身长度占身体总长度的0.618（即黄金分割比例）为佳，或再略大于此数更好。另一种是差值法［图2-6（b）］，测量时以臀底线为分界点，从第七颈椎到臀底线为上身长，从臀底线至脚底为下身长，下身长与上身长之差在14cm以上为优秀，10~14cm为良好，10cm以下一般。

2.大、小腿比例

腿部对于模特来说是非常重要的，模特的小腿的长度应与大腿的长度接近、相等或略长于大腿，这样能给人以腿形纤细、修长的感觉。

3.头与身高比例

目前，国际时装舞台上以娇小的头型为流行，因为娇小的头型会使形体显得更加修长优美。但头型也不能过小，过小会使人的比例失调。一般模特的头长占身长的1/7~1/8为宜，达到1/8为佳（图2-7）。

（三）脸型与五官

女模特的脸型多为瓜子脸、椭圆脸或长方脸。这些脸型给人以文雅、恬静和成熟女性娇媚的魅力感。模特的相貌并不单纯要求漂亮，相反过于漂亮的面孔会将观众的注意力过多地集中在模特的脸上而影响服装的充分展示。所以，模特的基本形象应是五官端正协调，具体

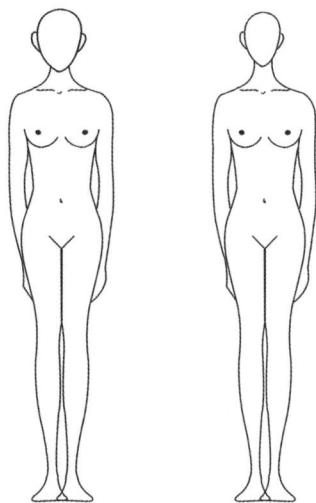

（a）头长占身长的1/7　（b）头长占身长的1/8

图2-7　头与身高比例测量

来说，应是眼睛明亮、鼻梁挺直、高颧骨、唇形丰润。男模特以方圆脸型为多，五官应端正、协调，面部轮廓清晰、棱角分明。现代服装表演越来越重视模特形象的独特性，所以挑选模特时脸型和五官以具有明显的个性特征和独特魅力为宜。

（四）颈长与肩宽

颈与肩是模特在表演中裸露较多的部位。模特的颈部以长而挺拔且灵活为宜。双肩是人体的第一道横线，也是模特称为"衣服架子"的关键性部位。肩型的好坏直接影响到服装造型的悬垂效果。模特的肩型以平而宽且对称为佳，女模特的肩宽应在40cm以上，男模特的肩宽应在52～55cm之间。

（五）三围

三围是指人的胸围、腰围、臀围。胸围是在胸部最饱满处贴身水平量一周的长度，国际通用代号为B。如图2-8所示线1为胸围测量位置，测量时模特应直立，两臂自然下垂，在呼气或吸气时测量（被测量者统一标准）。腰围是在腰部最细处贴身水平量一周的长度，国际通用代号为W。如图2-8所示线2为腰围测量位置，测量时模特应直立，身体自然站直，腹部保持正常姿态，屏住呼吸。臀围是在臀部最饱满处贴身水平量一周的长度，国际通用代号为H。如图2-8所示线3为臀围测量位置，测量时模特应直立，两腿并拢。由于人种的不同，东方女模特的三围一般为：胸围83～90cm之间、腰围63cm左右、臀围90cm以内。男模特的胸围为103～106cm之间、腰围76～83cm之间。西方模特的三围数值一般略大于东方模特。

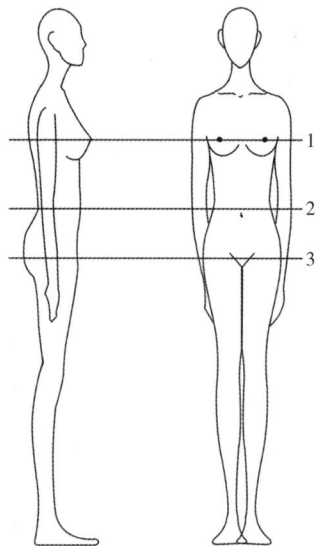

图2-8　人体三围的测量位置

由于一个人的三围尺寸不同，便形成了人体曲线。人体曲线是构成人体美的重要因素之一。因为它能使服装造型产生一种很强的起伏感和动感，如果缺乏这种曲线，则会使服装造型显得平板而失去魅力。

（六）四肢

服装模特的四肢在表演过程中外露的机会较多，是展示服装时的重要身体部位。特别是展示泳装时对四肢的要求较高。模特的四肢要修长、线条匀称且皮肤好。双臂与肩的交汇处即肩头的过渡要柔和，因为其影响到人的整体形象和服装肩部的效果。下肢应挺直而富有力度，大腿粗细适中，小腿要长，腿肚形状要好。腿部呈过大的内弧或外弧都会影响身体姿态的美感，这样的人不适合做服装模特。

图2-9　单人与组合模特的动态造型

（七）手脚的形态

服装模特的手与脚的形态也是不可忽视的，因为手与脚同样能陪衬服装去表达情感。女模特的手指要纤细、圆润而柔嫩；男模特的手指要粗细适中。模特的脚形要端正、大小适中。

综上所述，可以把模特的身材特征总结为：修长苗条、平肩细腰、鹅颈鹤腿、体态优美、身姿挺拔、富于曲线。

四、动态造型要求

动态造型一般是指在表演过程中，模特一人或多人组合做有节奏、连续不间断的亮相姿态（图2-9）。它是通过肢体各部位的组合重新塑造的姿态。同时在人数上可由单人或者多人共同完成，动态造型的平时训练与亮相基本相同。此外，还要进行群体合作练习。服装表演中的服装一般是呈系列的，要求模特注重相互配合，此时不是要突出个人的表演，而是要充分展示系列服装的整体效果，要具有团队精神，群体合作意识，注意保持每个人之间的距离、造型的变化、整体的层次等。

动态造型是用身体打破和占有空间的动作练习，主要通过脚位、手位和体位的不断变化来完成连贯的造型练习。模特的造型要与服装的主题相吻合，要理解服装的结构和流行趋势。造型是为了便于观众看清服装的结构，并作为动态走动的一种调节。模特做动态造型时，身体要紧而不僵，松而不懈，并把握好人体的均衡性，要有韵律感和造型感。

第二节　专业素质的培养

如想成为一名高专业素质的模特，需要一个循序渐进的培养过程，从肢体语言的培养、感知觉培养、表现力与想象力的培养、临场应变能力的培养、气质的养成以及编导专业基本知识的学习等，逐渐掌握服装表演专业所涉及的知识内容，成为能够熟练应对工作的专业模特。

一、模特肢体语言的培养

作为专业模特，想要在秀场上、镜头前拥有优美良好的体态，合宜的肢体形态是塑造良好体态的基础，所以模特的肢体语言训练尤为重要。

（一）上半身姿态训练

（1）常规手的位置：大多情况下，手及臂部自然、放松垂于大腿两侧。避免太柔软或太僵直。走台时，手臂摆动由大臂带动，虎口朝正前，手指尖自然下垂放松。

（2）叠手：一只手自然垂放在身体前，将另一只手的手掌覆盖在该手手背上。叠手的姿势可以使身体造型自然，有助于在镜头前保持手的固定。

（3）交错手指：叠放双手的另一种方式是轻轻地交错手指。手指在关节处而不是在手指的根部交错时，手与手指看上去更修长、更迷人。如果要采用这种手的姿势，指甲应当好好修饰。

（4）交错手臂：将手臂交错常常会给人一种不可接近的感觉。模特必须注意，当交错手臂时，不要将所要展示服装的重要细节遮住，同时还必须确保手部保持良好的状态。

（5）手抚脸：将一只手放于面部，要轻，不要推面部的皮肤，不要将手挡住脸。常用造型是将手放于面侧，稍微地向后或者向前弯曲着手腕通常比夸张的弯曲效果更好。

（6）双手叉腰：一只手或者两只手放于胯上，同时保持手指指尖微微分开。男士在将手放在胯上时手部呈现松的拳头状态。

（7）手插于口袋：将手指部插在口袋里会给人放松、自信之感。另外，模特可以运用此姿态展示口袋的卖点。

（8）常规手姿：男士的手在保持半握拳的状态时通常是最迷人的。手不要看上去太柔软，也不要看上去因太紧张而握紧。女士当需要显示出一种随意的、运动的外表时，有时也会采用这一姿态。例如，当穿着牛仔裤时，女模特或许会将她的手握成拳头放在胯上。

（二）下半身姿态训练

（1）基本站姿：脚处于基本姿态，双腿夹紧尽量不留缝隙，臀、小腿肚、脚后跟保持在一条直线上。

（2）基本坐姿：女士双腿并拢，膝盖与观众视角呈45°角，脚踝交叉。男士在基本坐姿状态下，背部挺直，膝盖平稳与脚呈垂直状态。

（3）侧45°坐姿：大腿交叠，离地腿脚尖朝下，双手交叠放于大腿上。

二、模特表演的感知觉培养

感知觉是事物直接作用于感觉器官时，主体对事物个别属性的反应。模特在表演过程中，主要通过外部感觉、内部感觉和自我感觉这三种感觉之间的互动，建立起模特对时装表演从内至外系统的表演感觉认知。从初步基本表演形态的感觉捕捉，再对时装设计作品的灵感认知，最后对艺术表演的目标追求以及完美价值的体现等，构建了时装模特的艺术感觉在时装表演领域由浅入深的发展路径。

（一）模特的外部感觉

在时装表演过程中，时装模特主要通过时装、音乐、灯光、舞台环境、表演氛围、模特之间合作等外部信息的刺激，把模特的视觉、听觉积极调动起来。模特在接受信息传递后，即时激起内心情绪情感输送到外部肢体形态语言上，做出连续的表达，以此达到模特对外部环境变化的随时适应和调整，充分展现时装秀场上不同风格的时装。模特的外部感觉训练可以通过一系列练习提升模特对外界环境的感知能力，使其在表演或走秀时能更好地适应舞台、灯光、观众反应等外部因素。以下是常见的训练方法。

1.舞台感知训练

模特需在不同大小、形状的舞台上行走，熟悉舞台的边缘、高度和布局，通过单人路线，双人路线、多人路线以及定点训练，以此增强对舞台空间的感知。在正式演出时，就可以通过彩排及时掌握路线，找准定点和参照物，避免走位失误。

2.灯光适应训练

在强光、弱光、闪烁光、动态光等不同灯光条件下进行走秀或摆拍练习，通过灯光的变化进行走位、定点和反应练习，以此提高对灯光的适应能力，避免因光线变化影响表现。

3.观众互动感知训练

模拟观众反应，如掌声、拍照闪光灯等，训练模特在干扰下保持专注，增强抗干扰能力，保持专业表现。与观众、其他模特或舞台元素进行互动，提高模特的应变能力和表现力，学习如何根据现场氛围和观众反应来调整自己的表演节奏和风格。

4.音乐节奏感知训练

根据不同类型的音乐调整步伐和节奏训练，确保动作与音乐协调，以此提升对音乐节奏的敏感度，增强表演的节奏感。根据音乐节奏和风格，匹配不同主题秀场中适合开场－中场－谢幕的音乐，学习如何进行秀场编导中音乐部分的设计。

5.环境变化适应训练

在不同环境（如户外、室内、狭窄或开阔空间）中进行训练，以此提高对环境变化的适应能力，确保在各种条件下都能自如表现。

6.服装与配饰感知训练

穿着不同材质、重量、长度的服装和配饰进行训练，适应其带来的限制，以此增强对服装和配饰的感知，确保不影响台步和姿态。

7.镜头感训练

在摄影机或镜头前练习摆拍和走位，学习如何找到最佳角度与镜头互动，提升镜头感，确保在拍摄或走秀时展现最佳状态。

8.突发情况应对

模拟舞台突发情况（如摔倒、路线更改、服装问题等），训练模特的应变能力，增强应对突发情况的能力，保持冷静和专业。

9.多感官协调训练

结合视觉、听觉、触觉等多感官进行训练，如在嘈杂环境中走秀或穿着特殊材质服装表演，提升多感官协调能力，确保在各种条件下保持稳定表现。

（二）模特的内部感觉

内部感觉是指模特在时装表演时的肢体动态语言表达都是从内心有感而发，心里有了感觉才能自然流露源源不断的肢体语言。据此原理，模特从外部接受大量信息反馈到内心，进而从时装表演角色的感觉、情感、情绪需要出发，采取相应连续的肢体动态语言进行造型、转体，步态的随时调整与变化，最终完成时装角色的完美演绎。所以，时装模特需要经常调整补充自身的内部感觉状态，把内在情绪感随时调节到最佳表演状态，不断提升自身内在的艺术表演境界，这样才能娴熟地驾驭时装表演中各种动态艺术形象的塑造。模特的内部感觉训练可以通过提升模特对身体姿态、肌肉控制、平衡感等内在状态的感知能力，确保在表演或走秀时展现出最佳的身体控制和表现力。以下是常见的内部感觉训练方法。

1.身体姿态感知训练

通过镜子或视频进行自我体态评估，观察并调整站姿、坐姿和走姿，确保身体线条优美，增强对身体姿态的感知，养成自然优雅的体态。

2.肌肉控制训练

通过瑜伽、普拉提或芭蕾等练习，增强对核心肌群、腿部、背部等关键部位的控制，提升肌肉的协调性和控制力，确保动作流畅且有力。

3.平衡感训练

单脚站立、平衡板训练或高跟鞋行走练习，增强身体的平衡能力。提高在复杂环境（如不平坦舞台或高跟鞋）中的稳定性。

4.呼吸控制训练

通过深呼吸、腹式呼吸等练习，学会在走秀或拍摄时控制呼吸节奏。保持呼吸平稳，避免因紧张或疲劳影响表现。

5.身体重心感知训练

练习在不同姿势下感知身体重心，如行走、转身、摆拍时调整重心位置。确保动作自然流畅，避免因重心不稳导致失误。

6.柔韧性训练

通过拉伸、瑜伽等练习，提升身体的柔韧性和灵活性。增强身体的可塑性，在镜前造型时，可以适应各种高难度动作或姿势。

7.力量训练

进行针对性的力量训练，如核心力量、腿部力量和背部力量训练。提升身体的支撑力和耐力，确保长时间走秀或拍摄时保持良好状态。

8.情绪与心理感知训练

通过冥想、正念练习或情绪管理训练，学会感知和控制自己的情绪状态。增强心理稳定性，避免紧张或焦虑影响表现。

9.疲劳感知与恢复训练

学会感知身体的疲劳信号，并通过拉伸、按摩或休息及时恢复。提高身体的耐力和恢复能力，确保长时间工作时的状态稳定。

10.内在自信训练

模拟走秀或拍摄场景，逐步适应舞台和镜头，使用积极的心理暗示（如"我可以做到""我很自信"）来强化自我肯定，在高压环境下保持自信，展现最佳状态。

（三）模特的自我感觉训练

自我感觉缘起于一个人的人格素养和心理上的成熟以及独立的自我意识与见解，也就是说，对自己的表现状态充满自信，有独立的个性、自我的观念。模特的自我感觉来源于对自我表现状态充满自信的肯定，对艺术感觉特别灵敏，对美的感受力特别强，能从最平凡的事物中发现美，用独特的视角展示美，形成模特个性独特的韵味，这正是一个优秀模特自我感觉意识的关键因素。模特的自我感觉培养训练可以通过一系列心理、情感和身体练习，帮助模特建立自信、自我认知和独特的个人风格。这种训练不仅提升模特的外在表现力，还增强内在气质和职业素养。以下是常见的自我感觉训练方法。

1.自我认知训练

通过镜子练习观察自己的表情、姿态和动作，记录自己的优点和不足，制定改进计划，以此帮助模特更清晰地认识自己，增强自我认同感。

2.个人风格塑造

尝试不同的服装、妆容和造型，找到最适合自己的风格，同时观察时尚趋势，结合自身特点形成独特的个人风格，帮助模特在行业中脱颖而出，展现其独特性。

3.内在气质培养

阅读书籍、观看艺术表演或学习文化知识，提升内在修养。通过礼仪训练（如餐桌礼仪、社交礼仪）提升个人气质，以此培养优雅、自信的内在气质，增强个人魅力。

4.角色扮演与代入感训练

根据不同的拍摄主题或品牌风格，扮演相应的角色。通过想象和情感代入，增强表演的真实感。提升模特的代入感和表现力，使表演更具感染力。

5.社交与沟通能力训练

学会与摄影师、设计师、客户等专业人士的沟通技巧，通过模拟社交场景，提升表达能力和应变能力，增强模特的职业素养，建立良好的人际关系。

6.抗压能力训练

模拟高强度工作环境（如长时间拍摄或多场走秀），训练耐力和抗压能力。通过运动或冥想释放压力，保持身心健康，以此提升模特的抗压能力，确保在高压环境下保持稳定表现。

7.自我反思与改进

在面试和活动中，多观察学习市面上优秀模特的特质，定期回顾自己的表现，分析优点和不足，寻求导师或业内人士的反馈，制定改进计划，以此帮助模特不断进步，提升职业水平。

三、模特表现力与想象力的培养

模特的表现力与想象力是其职业生命力的核心，二者如同"骨骼与灵魂"，前者构建视觉冲击的框架，后者注入独特叙事的内核。培养这两项能力需要系统性训练与开放性思维的结合。

（一）表现力

模特的表现力是指模特运用眼神、表情、肢体语言（台步、造型等动作）来展示服装特点及风采的能力。是衡量其职业能力的重要标准之一，它直接影响拍摄效果、品牌形象以及观众的情感共鸣。以下是关于模特表现力的提升方式。

（1）系统性训练：通过镜像练习观察并调整微表情、姿势细节；模仿电影角色或人物画像拓展情绪表达维度；练习舞蹈提升肢体协调性与动态表现力。

（2）多维素养积累：通过学习绘画、雕塑中的构图与情绪表达，提高艺术审美；

研究不同时代、地域的审美符号，提升文化洞察力。

（3）实战优化策略：拍摄前与摄影师、造型师明确创意方向，提前构思表现逻辑；通过回看拍摄片段快速调整细节；尝试突破舒适区，多风格切换（如中性风模特尝试柔美主题）。

模特的表现力是技术训练与艺术感知的结合体，需在精准控制与自然流露之间找到平衡。随着行业对"真实感"、"多元化"需求的提升，表现力的定义已从单纯的视觉冲击转向更深层的情感共鸣与品牌叙事能力。

（二）想象力

模特的想象力是指模特对将要展示的服装进行艺术构想的形象思维能力。是其职业发展中的隐形竞争力，它决定了模特能否突破常规、创造独特的视觉叙事，并在同质化竞争中脱颖而出。以下是关于模特想象力的提升方式。

（1）情境模拟训练：设定特定的情境或主题，让模特在这些情境中想象自己扮演的角色、穿着的服装、所处的环境以及与其他角色的互动。

（2）视觉化练习：提供一系列图片或视频素材，让模特观察并想象自己身处其中的场景，鼓励模特描述他们看到的画面、感受到的氛围以及可能发生的情节，通过视觉化练习，模特可以锻炼自己的视觉想象力和场景构建能力。

（3）音乐与情绪联想：播放不同类型的音乐，让模特闭上眼睛聆听并感受音乐带来的情绪，鼓励模特将音乐与特定的情绪、场景或故事联系起来，想象自己在这些情境中的表现，通过音乐与情绪的联想，模特可以培养自己的情感感知力和表达能力。

（4）即兴表演练习：给模特一个即兴表演的主题或情境，让模特在没有准备的情况下即兴表演，展现他们的即时反应和创造力。

表现力是技术，想象力是魔法。顶尖模特的终极目标，是让身体成为"移动的超现实主义画布"，既能精准执行设计师的指令，又能注入不可复制的个人神话。这种能力无法靠标准化教学达成，而需模特在创作中不断尝试创新，生长出独属于自己的美学基因。

四、模特临场应变能力的培养

参与服装表演演出是服装模特最为兴奋的时刻，有经验的服装模特在演出前都有一个相对安静的过程。在这个过程中，服装模特要仔细思考、回顾表演的内容，使个人在演出前处于最佳状态。演出准备及候场时，服装模特在换好服装后应立即到出场口候场，接受服装设计师、发型师和化妆师的服装检查、补妆或发型整理，认真倾听台上播放的音乐，使自己尽快进入角色，在服装表演过程中，如果服装模特在台上发生意外（图2-10），要保持冷静，大方、稳妥地处理好突发事件。

图2-10　模特在秀场上的意外情况

常见的突发性事件及其处理方法包括以下几方面。

（1）服装脱离。大方地整理好，或者用手扶住服装，继续表演。

（2）鞋脱离。停下，大方地整理好，如果没有恢复的可能，索性脱下另一只鞋后，拎着鞋继续进行。

（3）音乐突然非正常停下。停止行进，进行造型，等待音乐重新启动。如果等待时间过长且音乐仍未恢复，大方稳健地继续表演直至退场。退场后听从导演的安排。

（4）灯光突然非正常熄灭。停止行进，进行造型，等待灯光重新启动。如果等待时间过长且灯光仍未恢复，大方稳健地退场。退场后不要立即调换下一套服装，要询问导演如何处理。

（5）走错位。如果其他服装模特走错位，在不影响他人的情况下，可以自然而然地进行补位。如果发现自己走错位，应该及时调整过来；如果无法调整，就将错就错，留给后面的服装模特处理。

服装模特面对突发性事件的处理方法不是唯一的，也不存在一个绝对的处理模式，重要的是保持清醒的头脑，以保证演出继续进行是处理的前提，这也是体现服装模特聪明与机智的机会，决不能出现逃脱退场的慌乱状况。

五、模特气质的养成

气质是人相对稳定的个性特点和风格气度。服装模特的气质是指模特在展示服装过程中所表现出的独具的表演个性，是由内在素质修养和外部动态特征统一起来的一种主体精神。

服装模特的气质是模特展示服装内涵，塑造服装形象的基本要素。模特的气质在服装表演中占有重要的位置，高雅的气质是模特的灵魂。气质主要是先天产生和自然流露出来的，但通过后天的专业训练和环境熏陶也可以培养。模特只有具备了良好的、独特的气质，才能成为优秀的模特。时装界有人根据模特的气质把模特分为淑女型、柔和型、野性型、性感型、浪漫型等（图2-11）。模特能将独特的个人气质与所展示服装的造型

（a）淑女型　　　　　（b）柔和型

图2-11　模特的气质类型

风格有机地结合起来，才是最理想的状态。模特应重视后天对个人气质的培养和训练，使自身的气质和魅力不断提升。

六、编导专业基本知识与素养

服装编导是整场服装表演的策划者与组织者，掌控着服装表演演出的走向。而对于服装表演模特来说，服装编导的相关知识也是必不可少的。从演出试装到排练再到正式演出，模特需要配合编导的意图，完成每一项工作。当模特具备一定的服装编导知识，就会在短时间内理解编导的建议，甚至可凭借自身的经验提出有建设性的建议，提高演出的效率。此外，对于服装表演专业的学生来说，掌握服装编导知识也为今后从事服装表演行业奠定了基础。

（一）前期编导阶段

服装表演编导是依据展示的服装进行艺术构思、策划的过程，包括确定服装表演的主题，选择符合演出主题的表演服装，确定舞台的舞美设计风格，探索最为合适的表现形式，也称"案头工作"。编导要与设计师进行沟通（图2-12），了解每一款服装所要表达的情感，在脑海里进行"创意、构想"，然后将构思作为编导过程中的指引做成计划，用确切、详尽、全面的文字阐述。

图2-12　编导与设计师进行沟通

（二）中期编导阶段

确定主题后，就要进行音乐的选编、舞台的设计、挑选模特拍定妆照、组织和指导排练进行舞台合成阶段（图2-13）。

图2-13　设计师挑选模特定妆

（1）根据演出主题选择音乐进行选编，因为音乐会带给观众丰富的想象空间，所以服装表演编导的水平高低很大程度上体现在对音乐素材的选用上。

（2）根据演出风格、服装风格，挑选模特并提出模特妆容、发型的建议。

（3）分配服装进行试装。

（4）设计舞台路线并对舞台的装置及灯光提出要求，指导模特排练。编导要考虑的问题涉及舞台背景、台面、周围环境的装饰，舞台造型设计要求及灯光的运用等。

（5）指导模特在着装、化妆、音乐及灯光具备的条件下进行排练。

（三）后期编导阶段

后期编导主要是检验构思和排练的成果，对可能出现的突发状况做好及时处理的准备。待演出结束后，提出存在的不足，并进行修改和提高。

（1）带妆彩排：只有经过反复的排练才能使服装模特的表演不断丰富、细化，成熟地展现编导的思想和构思。要求所有参加演出的人员全部到位，和正式演出基本相同，妆面、发型、灯光、音乐、舞台、背景以及谢幕颁奖等全部按照正式演出的要求进行（图2-14）。

（2）协调各方面的关系：如造型师、音响师、灯光师等，直接影响演出效果的人员进行统筹安排和协调，由编导一人完成。在这个环节，对于前后台的关系、灯光的确定、演出时间的把握等都要作明确的记录，并制订应急方案。编导需要与后台确认模特换服装的时间是否充足。在带妆彩排后，编导应带领全体工作人员开总结会，有效解决彩排中出现的问题。

图2-14　模特带妆彩排

第三节　艺术素养的提升

服装表演是一门综合类的艺术学科，集合了服装、音乐、舞蹈、编导策划、摄影、设计等知识，并在集合的过程中将这些知识融合，以载体的方式作为服饰与受众的沟通媒介进行直观的表演。学习服装表演有利于整体艺术素养的提升，培养综合的艺术素养和情操。

一、音乐素养的提升

（一）音乐素养的概念

音乐是服装表演的灵魂，在时装表演中起着不可替代的作用。有律动感的节奏是时装表演成功的必不可少的因素之一，这要求时装模特在T台上行走时要会"听"音乐、"用"音乐，把自己融入音乐的旋律和节奏中，从而将服装设计者在进行设计时的想法和思想通过模特的展示表达出来，成为舞台表演的闪亮点，促成一场完美的时装表演秀。

音乐素养的构成主要受文化素质层面的影响，在学习音乐素养的过程中，会对人的生理素质及心理素质造成较大影响，在音乐艺术的熏陶下，音乐的审美能力会有明显的提升，并且音乐艺术修养也随之不断提高，这会使音乐的知识储备不断扩大，同时增强对音乐的情感体验、升华人们的音乐思想以及提升整体的艺术素养。总而言之，音乐素养是对其音乐文化修养的综合体现。

（二）音乐素养的重要性

音乐素养是反映个体对音乐感知的重要表现之一。在提升音乐素养的过程中，有利于培养模特健全的人格，提升自身的音乐气质及陶冶音乐情操；有利于培养模特的情感意识，同时还可使学生对新知识保持强烈的求知欲与自觉性；有利于模特探知更深层次内容，使人们之间的沟通更为和谐高效，对促进社会和谐发挥积极作用。当前社会对人才的要求显著提升，音乐素养的提升可促使模特形成创新性思维及良好性格，提升模特综合素质水平，对日后的工作起到关键性作用。

（三）提升音乐素养的具体途径

1.掌握基本的乐理知识

在提升音乐素养的过程中，模特应认识到基础乐理知识的重要性，注重音乐基础理论知识的学习和掌握，这可以帮助模特更好掌握音乐，对音乐有着更深层次的认知，直接地提升其音乐素养，为T台行走时踩准音乐节奏打下良好基础。

2.深入体验音乐的艺术情感

模特在进行T台表演时要能对音乐迅速地做出反应能力与表现力，通过自身的经验和对乐感的训练找到音乐与时装的衔接点，通过肢体动作来体现音乐的情感、风格、律动等。除此之外，模特还应该学会对音乐进行理解，借助多媒体技术，反复聆听音乐作品，深入了解作品表达的情感，加强锻炼自身的音乐创新思维，在音乐聆听及演奏中获取较好的情感体验，加强音乐艺术实践创新，实现音乐艺术素养的自我养成，促进音乐艺术素养的提升。不同的音乐表达的情感均不一样，如旗袍秀的时候多采用古典音乐或者慢节奏音乐，比较知名的有《花样年华》里的主题曲。模特在听到此音乐时要理解此音乐带来的难舍难分、纠结的情感，这样才能更好地演绎出来，才能更好地展现服装。因此，模特要具备领悟音乐的基本功，在音乐的衬托下使时装表演更加情景化，以此来提升自己艺术表演的创新思维表达力。

3.加强音乐节奏元素的练习

节奏是音乐的灵魂，是塑造音乐形象的重要部分。模特的表演要随着节奏的变化而转换，有的时候音乐没有明确的节奏，这需要模特找到音乐节奏的感觉；或音乐有明显节奏规律，但没有明显的风格，这时需要模特通过有序的节奏步态来展现时装的风格。时装模特不但要掌握保持音乐与时装风格的一致性，而且要驾驭音乐的风格、类型以及节奏，这是服装模特要具备的表演能力和表演素质。关于音乐节奏的训练有以下几个步骤：第一步，听音乐用手打节拍，使模特能够正确听到音乐的节奏点。第二步，先放慢音乐，模特踩准慢音乐的节奏，这时主要看重的是模特能不能够在行走时踩准节奏点。当模特能踩准节奏后便可加上手臂摆动，练习整体对节奏感的把握。第三步，节奏感强的音乐练习，即节奏相对较快，当模特能得心应手地踩准强节奏的音乐节拍时，模特便具备了基本的音乐素养。此后，还需要模特不断练习，防止生疏。

节奏感是模特T台表演的敲门砖，也是服装表演课程中最基础的课程之一。模特的行走节奏会影响整个时装表演秀的视觉效果，尤其现代音乐的节奏类型多种多样，时装模特更加要提升自己对音乐的理解力与感受力，并能够得心应手地面对复杂多变的音乐节奏，具备临危不乱的反应力。时装表演秀中音乐与时装是相互作用的关系，模特的音乐素养为时装表演与观众提供了直观的舞台表演形象，这也是提升整体舞台效果的表演手段。

二、舞蹈训练与素养

（一）舞蹈训练的内容

舞蹈是表演者通过身体韵律的变化，对艺术想要表现的审美特征或思想特征，通过肢体动作对其进行展现，是一项综合性较强的艺术表现形式。由于其具有一定的可观赏性，因此可以为观众提供一定的感官体验。随着人们审美意识的不断增强，观众渴望更完美的视觉效果，因此当舞蹈逐渐融入服装表演中时，就要求模特通过舞蹈的训练来提高自己的身体综合素质和对音乐的理解与感受力。舞蹈训练主要是训练模特柔美的姿态、造型以及节奏感的动作，使艺术与身体相融合，让观众在赏心悦目的同时能够达到审美的共鸣。

首先，因为模特对自身的大腿、臀部和腰部肌肉的要求均非常严格。所以舞蹈训练便要有针对性地对这些部位进行训练。腰部肌肉的训练，可以采取对下胸腰、下旁腰、腹背肌的训练，来有效地起到收紧腰部肌肉的作用。臀部的肌肉训练可以采取踢后腿和旁腿及用杆上的动作进行缩减臀部脂肪的训练。通过持续不断地训练，来消耗身体中大量的能量，达到减少模特身体多余脂肪，保持身材，造就完美模特体态的效果，为模特表演服装展示奠定良好的基础。

其次，通过对不同舞种的学习可以提升服装表演学生的舞蹈素养。我们常见的舞种有拉丁舞、摩登舞、傣族舞和芭蕾舞等。服装表演与舞蹈都称之为流动造型艺术，都是站在舞台上依靠有表现力的步态或舞步与造型或舞姿等为主要表现手段，都具有直观视觉性。两者在塑造"艺术人体"的过程中也有着许多相似之处。因此，国内高校都应加强对服装表演学生的舞蹈训练，如开设各种基础舞蹈课程等。

（二）舞蹈训练的重要性

舞蹈训练有利于模特形体的健美。舞蹈的本体是肢体运动，是通过娱乐达到健身的最佳方式，同时可以训练学生的肌肉呈条形生长，达到形体美的目的。且舞蹈可矫正不良体态，通过肌肉修饰形体，来达到修长挺拔的效果。

舞蹈训练有利于模特艺术修养的提升。服装表演是一种集服装、音乐、舞蹈为一体的综合性艺术活动，作为一名合格的职业模特，需要不断地提升自身的舞蹈素养，才能如鱼得水地行走于各大国际和国内T台。

三、形象塑造艺术感知

模特的形象是展现个性的标志，也是职业素养的一种体现。模特应具备对自己形象进行设计，以及对他人形象设计提供意见的能力。进行形象设计，首先要会对自己的风格进行定位，风格分为十大类：优雅型、性感型、知性型、浪漫型、前卫型、自然型、大气型、都市型、可爱型、少女型；其次对自己身材的类型进行确认，身材类型可分为：沙漏型、倒三角型、正三角型、矩型、H型；最后根据自己的身材结合风格特征进行扬长避短的形象设计。

（一）风格定位

（1）优雅型：整体给人端庄、温柔的感觉，适合的服饰为真丝连衣裙、鱼尾裙、飘逸的裙装、旗袍等具有女人味的服饰（图2-15）。

（2）性感型：整体给人艳丽、迷人的感觉，适合的服饰为低胸或露背连衣裙、紧身设计的上衣或半裙等较为性感的服饰（图2-16）。

（3）知性型：整体给人精致、高贵的感觉，适合的服饰为经典白衬衫、经典风衣、职业套装、衬衫裙等较为知性、正统的服饰（图2-17）。

（4）浪漫型：整体给人成熟、醒目的感觉，适合的服饰为带有大的细节设计的服饰、大图案设计等较为浮华的服饰（图2-18）。

（5）前卫型：整体给人率真、叛逆的感觉，适合的服饰为带有链条、铆钉装饰等较为前卫的服饰（图2-19）。

（6）自然型：整体给人轻松随意、亲切的感觉，适合的服饰为棉麻类的衬衣、裙子、牛仔裤等较为文艺、随性的服饰（图2-20）。

（7）大气型：整体给人硬朗、有气场的感觉，适合的服饰为oversize款、设计感等较为夸张的服饰（图2-21）。

（8）都市型：整体给人摩登的感觉，适合的服饰为设计感的西装、衬衣等较为干练、利落的服饰（图2-22）。

（9）可爱型：整体给人甜美、可爱的感觉，适合的服饰为蓬蓬裙、碎花裙、泡泡袖上衣等可爱的服饰（图2-23）。

（10）少女型：整体给人清纯、可人的感觉，适合的服饰为棉衬衣、小A裙、背带裙、裤等较为清新的服饰（图2-24）。

图2-15　优雅型服饰

图2-16　性感型服饰

图2-17　知性型服饰

图2-18　浪漫型服饰

图2-19　前卫型服饰

图2-20　自然型服饰

图2-21 大气型服饰

图2-22 都市型服饰

图2-23 可爱型服饰

图2-24 少女型服饰

（二）身材类型

（1）沙漏型身材：是指臀部较宽、腰部纤细、胸部和大腿丰满的身材特征。搭配时要凸显腰身和曲线美，避免方正和宽松的上衣。

（2）倒三角型身材：是指肩部较宽、腰部臀部较窄、胸部可能丰满、腿部纤细的身材特征。搭配时要"上松下紧"或者"下半身失踪"，避免夸张的肩部设计、全身紧身的裙子或套装。

（3）正三角型身材：是指肩部比臀部或大腿窄、胸部比臀部窄、腰部以下变宽或更结实的身材特征。搭配时要选择肩部宽松，收腰合体的上装，避免紧身裙、裤。

（4）矩型或者H型身材：是指肩部、腰部、臀部都比较窄，轮廓瘦直缺少曲线，腰部曲线不明显的身材特征。搭配时要选择有明显轮廓线的服饰或者直筒型腰身的服饰。

形象塑造要坚持实用标准和审美标准的统一。它是一门创造完美的艺术，模特要会运用现代美学理论对自己进行形象塑造以及培养形象塑造艺术感知，起到形象美的榜样作用。

四、时装摄影美学素养

摄影是一门具有美学特性的门类，是人们用来表达内心情感与认知的途径。作为一名专业的职业模特，应具备看到镜头就能随时随地地摆造型的本能，拥有良好的镜头感。专业的模特在镜头面前会利用眼神、脸部表情、肢体动作来进行表达，当然这也是需要实战经验的积累从而形成潜意识，因此，模特需要不断提升时装摄影美学素养。当模特转换角度作为一名专业摄影师时应该具备以下时装摄影美学素养。

（一）理解图像的意境美

在后工业泛化的时代氛围里，摄影无时无刻不存在于人们的生活中。摄影师们通过图像达到传达深化的意境的目的，摄影是单方面的直觉体验，能够使观众在看到作品时便联想到事物的内部情感，从而引导主题思想在观众头脑中升华，可以使人们最直接地感受美，感受摄影者内心复杂的情感。意境是我国古典美学的重要特征之一，主要是指运用艺术意象，在主客体交融、物我两忘的基础上，将接受者引向另一个超越现实的、富有想象空间的境界之中。作为一名专业的模特，应具备理解图像意境美的能力，当拍摄一幅作品时，应当有自己的主观感受，能自行评判作品是否符合拍摄最终呈现的效果与要求。在创作过程中，要有主观创作意识，将意境的概念融入拍摄过程中，实现主客观的统一，达到对"情"的提炼升华与对"景"的情感转移。艺术来源于生活而高于生活，这就要求摄影家不断深入生活，寻找美、发现美，将之提炼出来展现给世人，丰富我们的世界。

（二）拍摄画面的内容美

"美"不是一个抽象的概念，在我们的现实生活中有清晰的表达，包括生活美和艺术美，是人类对于客观事物美感的追求，同样也是人类最原始的情感表达。时装摄影的内容美是指摄影师利用光影、线条、色调等来进行艺术创作的一种审美活动，在作品中感受愉悦、美的反应。与此同时，在拍摄时画面内容应注重自然、和谐，将拍摄的对象与周围环境有序结合起来，从而使整个画面更丰富、更饱满。作为一名模特，在拍摄时也应具备这些素养。例如，在拍摄时模特能够根据光线而自由舒展，根据已有的背景进行动作的设计，帮助设计师进行画面的构图；再如，根据不同主题，模特的表情与神情也应有所改变，这些均是模特所要具备的拍摄素养，在此基础上，与摄影师合作，能更好地创造出新颖的图片。

（三）拍摄构图的形式美

在艺术摄影形式发展的过程中，形式美是一种具有独特价值表现体系的艺术美感，并且其自身有特殊的应用价值，能够帮助摄影者和观看者针对同一幅作品产生相应的共鸣，从而通过联想活动的开展，真正实现带动人们情感的变化。这也要求我们在拍摄一幅完美的作品时要使作品具有三种特征：第一，动态感，当一件摄影作品具备动态感时才能使作品具备感染力；第二，立体感，人们生活在三维空间内，任何事物都是以三维动态形象而展示出来的一种表象，所以在塑造真实性与生动性的过程中，摄影人员必须有较高的技术，这样才能雕塑生活当中的真实感；第三，空间感，空间感可以通过近大远小的排列方式来突出自身的特性，借由空间层次感的提升来实现艺术作品形式美的提升。

（四）动作指导的造型美

摄影造型中的美，是源于摄影师内在心理对美的展现，造型之美不单单是一个摄影技术问题，而是建立在各种生活体验和对美学思考的基础之上。那如何才能使摄影具备造型的美学素养呢？这要求我们在摄影的过程中注重造型的形态表达、注重画面的立体感、注重造型中的空间感表达、注重造型中的质感表现以及造型中的动态美。把自身的主观情感、想象及特质等融入作品中，让观众去体会摄影造型的独特美。例如，拍摄主题为潮牌的当季主打系列宣传图（图2-25），服饰风格为中性运动风，此图模特借助现场道具、机械和楼梯进行造型设计，站在楼梯上后侧身对着镜头，其目的在于展示服饰背部的图案，简洁明了地表达拍摄主题。

（a）拍摄动作造型展示1

（b）拍摄动作造型展示2

图2-25　盖亚辛易服饰宣传图

五、艺术鉴赏与素养

模特是服装表演的主角，模特在进行服装表演展示时，本质上就是一种艺术的创造。艺术创造需要独创性和审美性，艺术鉴赏就是艺术创造的重要基础条件。艺术鉴赏的构成有三个主要成分：鉴赏对象、鉴赏主体和鉴赏场所。

艺术鉴赏就是鉴赏者通过自己的美学修养、审美观念对艺术品进行理解和赏析。鉴赏需要具备三个条件：首先，艺术品本身具备可鉴赏性；其次，鉴赏者具备一定的美学修养与审美能力；最后，鉴赏者能够理解作品的内涵价值。

（一）艺术鉴赏对模特的作用

1.开阔模特的视野

艺术的门类十分广泛，有音乐、舞蹈、戏剧、影视、文学、美术等。通过艺术鉴赏，模特不仅能感受到艺术的美妙，还能从中受到艺术的熏陶，提高对艺术的认知，更好地发挥个人才能。

2.激发想象力和创造力

鉴赏者在欣赏作品的时候不仅能感受到作品所传达的情感，还能通过自己的理解产生新的情感，这就是在艺术鉴赏中产生的共鸣和交融。

3.塑造人的个性和人格

欣赏高水平的艺术作品可以对欣赏者的情感、意识、思想以及世界观均产生一定的影响。艺术鉴赏不仅能提高欣赏者的审美能力、端正审美观念，还能潜移默化地影响人的个性与人格。

4.培养人的艺术思维

艺术思维是人的高级思维。艺术鉴赏可以使欣赏者产生多层次的情感与体验，能升华自我认知，从而逐渐形成艺术思维。作为一名模特应该努力培养自己的艺术鉴赏能力，不断地提升自身的艺术修养，这样才能使自己在服装表演艺术中长期发展。

（二）如何培养艺术鉴赏与素养

1.敏锐的审美感官机制

艺术作品以直观的艺术形象直接作用于人的感觉器官，人的大脑和感觉器官作为物质的存在，要具有对艺术形象的敏锐感知力，才能获得审美愉悦、审美享受。

2.完善的知识背景和较高的文化艺术素养

艺术鉴赏主体必须具有丰富的文化知识。在社会不同的发展阶段，艺术的发展趋势和表现手法都会有所不同，与之相对应的人的鉴赏情趣和鉴赏标准也会不同。只有深入了解艺术作品所产生的历史环境、时代精神和文化背景，才能准确把握艺术作品的内在意蕴。

3.丰富的审美体验和人生经验

艺术鉴赏活动是由一系列连续、复杂的心理活动构成的，包括注意、感知、联想、想象、理解等一系列心理因素。如何使这些心理因素更好地发挥作用，以实现艺术鉴赏活动，这就需要鉴赏者在接触到艺术作品的感官刺激时，敏锐地捕捉这些信息并调动起鉴赏主体相关的审美体验和人生经验，唤醒沉积的情绪及情感体验，发挥审美想象，从而达到艺术上的通感与共鸣。

在新的时代背景下，艺术的发展呈现了展示时代特征的新样貌，艺术鉴赏也由最初的单一性走向了公众性、社会性，具有引领大众辨别真伪、去伪存真的效果。艺术鉴赏带给人一种审美的、愉悦的体验。随着时代的发展。艺术鉴赏活动逐渐走向公众，走向人们的日常生活，形成大众性艺术鉴赏、公众性艺术鉴赏。艺术鉴赏活动推动、促进着艺术创作的发展，在鉴赏中形成艺术经典。

第四节　模特职业化发展与推广

　　模特职业化是一个系统发展的过程，衡量其发展水平的要素包括：专业的组织载体、职业道德与职业素养、职业市场发展程度、职业技能状况、职业教育与培训模式发展水平、职业认证与从业标准、法律法规与职业制度等。如同任何一种职业的发展一样，模特的职业化进程也要经历一个从出现到初步发展，再到成熟和稳定的过程。

一、模特职业化的社会需求

　　所谓职业就是指人的社会角色，也是人最基本、最重要的特征，反映一个人的社会身份、地位等。在全球社会发展的过程中会出现许多不同的行业，行业的不断发展，最终会形成各种不同的社会职业类型。模特职业是从艺术中衍生，由商业推动的职业，随着世界各国经济、文化交融速度的加快和程度的加深，模特在国家的文化交流和商业经济发展中扮演着越来越重要的角色。模特行业是一个竞争激烈、淘汰率极高的行业，而模特的核心竞争力就是职业化素质，也就是整体实力。服装表演职业化发展是社会商业价值的需求，服装表演具有带动产业链发展的经济功能。在消费社会中，时尚不断改变，为了追求时尚，人们的消费模式发生变化，各种时尚产品不断输出，购买产品的消费者也不断增加，从而促进整条产业链的发展。

　　服装表演引导消费者的消费行为。商家通过服装表演（图2-26），引起人们对时尚趋势的兴趣，激起人们的购买欲，从而促进产品销售。在经济市场下，人们的人文精神不断提高，想要彰显自己个性与价值的欲望也越来越强烈，对服装需求也不断扩大，服装企业的生产动力也不断增强。所以，服装表演职业化发展是社会文化价值的需求，服装表演能增强文化认同，服装表演能提高文化竞争力，服装表演能丰富文化生活。

　　随着经济的发展，服装表演形式也不断拓展，社会功能也越来越丰富与多元，同时也说明模特职业

（a）礼服时装秀　　　　　（b）职业装时装秀

图2-26　服装表演秀

化发展是社会发展的需求，对整个社会的发展和人们的生活都起着积极作用。

二、模特职业化的发展历程

　　20世纪初，随着经济的发展，服装行业竞争也日益激烈，服装企业开始越来越注重产品的宣传，服装表演便是最重要的手段。1908年，英国伦敦举办了当时最具规模的服装表演，场面壮观，服装表演从此开始职业化的发展。1914年，美国首次举办了带有T型展示平台的服装表演，被誉为"世界时尚界的盛宴"，后来这种T型舞台的展现形式一直被沿用至今。1938年模特哈里·康诺弗成立了自己的模特机构，实行担保人制度，发给模特固定工资，演出酬金另算，使模特这一职业更加稳定。1946年，纽约诞生了世界第一家模特经纪公司——福特（Ford）模特代理公司。1957年，美国著名的模特多里安·利在法国开设了第一家模特公司。20世纪40年代开始欧美的行业模特就已经形成了一条完整的产业链，与此同时，时装模特、平面模特数量越来越多，地位也越来越高，模特也正式职业化。

　　我国服装表演职业化相对于国外起步较晚。1979年在北京民族文化宫举办了一场时装表演，这是中国第一场时装表演，同时中国第一支时装表演队成立。随后1989年中国创办了第一家正规性的经纪公司——新丝路模特经纪公司。同年11月，新丝路成功举办了首届新丝路中国模特大赛，这也是第一次全国性的模特大赛，为日后中国模特的选拔、培养以及推广奠定了良好的基础。至2019年，这一赛事已成功举办20届，成为中国家喻户晓的著名模特赛事。赛后模特们分别拍摄挂历进行售卖，这也象征着平面模特这一行业的发展。1989年，苏州丝绸工学院（1997年并入苏州大学）成立服装表演专业，招收服装表演专业的学生以及招聘服装表演的老师，更加完善了我国服装表演职业化发展的道路。20世纪90年代中叶模特已成为一种普遍的职业，越来越被大众所接受以及认可。进入千禧年后，服装表演进入国际化发展轨道（图2-27），无论是模特的心理素质还是专业技能都得到了高水平的提升。陆续出现了时尚广告模特、车模、淘宝模特等。2021年，服装表演列入《职业教育专业目录（2021年）》，这也证实了模特越来越职业化。

（a）盖娅传说国际时装秀　（b）潮牌国际时装秀

图2-27　服装表演国际化

三、模特职业化的推广模式

　　模特职业化发展需要专业的平台进行推广才能被大众熟知、认可。如果模特代表着时尚，那经纪公司和经纪人就是连接时尚与市场的桥梁，经纪公司和经纪人是模特生存发展的必要条件。想要模特职业化，势必需要经纪公司和经纪人职业化来进行推广。

　　模特经纪是指在时尚商业活动中作为第三方收取佣金来为模特处理商业业务的公司和个人。随着时尚商业化的发展，市场规模不断扩大，模特经济发挥着越来越重要的作用，也越来越职业化，涉及的时尚领域越来越广，更好地促进了时尚市场的交易，稳定了时尚市场的有序发展。

（一）模特经纪的作用

　　模特经纪公司根据时尚市场的需求，挖掘与培养有潜质的模特，增加模特资源，以此来拓展经济市场的经营范围。近年来，模特经纪公司除了在服装市场进行商业化发展外，在汽车（车模）（图2-28）、房地产（代言人）、奢侈品（代言人）、娱乐影视等行业也有涉足，使模特的职业化发展得到有效推广。

　　模特经纪在模特职业化发展过程中起到不可或缺的作用，其业务范围包括模特的各类商业演出、品牌代言、平面及动态拍摄、公众活动等工作的洽谈及合同签订，以及在模特签约、续约、解约、转约等方面的管理等。另外，越来越多的专业模特赛事是由经纪公司进行策划、组织、推广、宣传和实施的，有的经纪公司承办已有赛事，有的策划新的赛事，目的是选拔模特新人，同时扩大公司运营、发展及宣传范围。

图2-28　车模造型展示

（二）如何提升模特经纪职业化

1.提升模特经纪公司职业化管理水平

　　模特经纪公司要注重专业水平的提高，提高市场运营的策略，明确市场发展定位。模特经纪公司要加强经纪人队伍的建设，提高业务能力，提高运营效率。

2.提高模特经纪人的职业素养

在制度上建立健全模特经纪人机制，提高职业道德水平和对职业价值的认可。健全对经纪人的培训、考核、监管等管理制度，提高经纪人的整体业务水平。

除此之外，模特经纪人还要具备以下职业素养：创造力、亲和力、洞察力、感召力、说服力、执行力、预判力，一名优秀的经纪人还要具备良好的心理素质、个人品格、眼界、价值观等。

四、高校服装表演专业教学大纲

以《镜前表演及实践》教学大纲为例。

（一）课程基本信息

课程编号：140944

课程名称：《镜前表演及实践》　　　英文名称：Mirror Performance Course

学　　分：4 学分　　　　　　　　　总 学 时：64 学时

理论学时：32 学时　　　　　　　　实践/实验学时：32 学时

课程性质：专业必修课　　　　　　授课对象：服装设计与表演专业

先修课程：《形体训练 1》《表演艺术赏析》等

开课学期：第二学期

教学方式：理论＋实践　　　　　　开设部门：美术与设计学院

（二）课程简介

本课程是服装表演专业的必修课，它主要是研究模特和镜头，探讨摄影与时装、心理等诸方面的关系，向学生介绍时装摄影的历史及发展趋势，让学生能够自如地在镜头前表现，为服装表演方面的课程的学习奠定基础。通过本课程教学，让学生学会模特动起来拍摄的方法，掌握正确的用光及构图技巧，了解不同类型摄影作品的构成元素。本课程对于学生以后学习和工作中资料收集以及拍摄有重要作用。

（三）课程目标

通过本课程的学习，学生应达到以下几方面的目标：

目标1：理解模特造型在时尚行业中的重要性。

目标2：理解表情在镜前造型中的作用和重要性。

目标3：学会基本的面部肌肉控制和表情调整方法。

目标4：掌握在不同摄影风格和表演情境下的表情适应性。

目标5：提高模特在镜头前的自信度和表现力。

目标6：培养模特根据摄影师或指导者要求做出快速反应的能力。

目标7：培养模特在镜头前和T台上的专业姿态和走秀技巧。

（四）教学内容（含课程教学、自学、作业、讨论等内容和要求，指明重点内容和难点内容，重点内容用"★"，难点内容用"△"标注）

1.任务一：时装摄影与模特（4学时）（支撑教学目标1、2、6）

1.1 理想的摄影模特素养★

1.1.1 摄影师与模特儿间的关系

1.1.2 风格的追求和形式△

1.2 摄影的构图

1.2.1 拍摄点与画面变化

1.2.2 稳定、空白与三分法

1.2.3 画幅与虚实

1.2.4 前景与背景

2.任务二：平面广告模特造型艺术（24学时）（支撑教学目标1、3、4、5）

2.1 平面广告模特造型技能训练★

2.2 平面广告模特拍摄手法

2.3 平面广告镜头感训练△

2.4 平面广告造型美学

2.5 平面广告拍摄的场景要求

3.任务三：影视广告模特造型艺术（20学时）（支撑教学目标2、3、4、5、6）

3.1 影视广告模特造型技能训练★

3.2 影视广告人物角色塑造手法

3.3 影视广告人物表情情绪训练

3.4 影视广告人物情绪情节深化训练△

4.任务四：时尚广告模特造型摆拍法则（8学时）（支撑教学目标2、6、7）

4.1 三角构图拍摄法则

4.2 站姿形态拍摄法则

4.3 坐姿形态拍摄法则

4.4 动态连续抓拍法则

4.5 道具辅助拍摄法则★

5.任务五：时尚广告模特造型案例（8学时）（支撑教学目标1、2、3、4、5、6、7）

5.1 在校学生模特广告作品案例

5.2 社会专业机构广告作品案例

5.3 商业时尚广告作品案例★

作业：1.面部表情管理训练；2.单人、双人、多人组合造型主题训练；3.两到三人小组为单位，随机抽签，进行动态命题情境表演，在动态表现过程中要求要有十个可以定格抓拍的静态造型。

实验、实践环节：参加时装品牌拍摄平面和动态广告。

（五）各教学环节学时分配表（表2-1）

表2-1　各教学环节学时分配表

知识（点）单元名称	讲课	实验	上机	小计
任务一	2学时	2学时	0学时	4学时
任务二	12学时	12学时	0学时	24学时
任务三	10学时	10学时	0学时	20学时
任务四	4学时	4学时	0学时	8学时
任务五	4学时	4学时	0学时	8学时
合　计	32学时	32学时	0学时	64学时

（六）课程考核

本课程以考核学生对课程目标的达成为主要目的，以检查学生对各知识点的掌握程度为重要内容，总评成绩由作业、阶段性考核和期末考试等考核环节构成，占比分别为30%、20%、50%。各考核环节的具体要求及成绩评定方法见表2-2。

表2-2　课程考核

考核形式	考核要求	考核权重	备注
期末考试	非闭卷 考查	50%	
平时表现	平时出勤、课堂表现、作业等	30%	
阶段考核	阶段性单元测试	20%	期中考核

（七）推荐教材、教学参考书目与在线学习资源

1.推荐教材与教学参考书目

《服装表演策划与编导第3版》，霍美霖，北京：中国纺织出版社，2018。

《影视镜头前的表演艺术》，龚佳丽，北京：中国纺织出版社出版，2019。

《服装表演基础·策划编导·舞美灯光》，刘元杰，上海：东华大学出版社，2019。

《模特上镜训练教程》，于捷，北京：中国纺织出版社出版，2020。

2.在线学习资源

国家高等教育智慧教育平台https://higher.smartedu.cn

本章小结

- 摄取过多热量会使体重增加，这就要求模特养成良好的饮食习惯，注意饮食的营养均衡，保证各种营养的全面摄入。
- 模特需要针对不同的情况对自己的形象进行管理，良好的形象管理会使模特在专业领域中得到更多的机会。
- 模特的基本条件就是形体，形体必须符合模特标准尺寸。
- 在摆造型时，要与服装的主题相吻合，事先理解服装的结构和流行趋势。做动态造型时，模特身体要紧而不僵，松而不懈，同时要有韵律感和造型感。
- 镜头前拥有优美良好的体态，合适的肢体形态是塑造人体良好形象的基础。
- 模特不仅要具备较好的身体条件，还要具备相关的专业素质。
- 培养一名合格的服装表演人才，需要提升其在舞蹈、音乐、时装摄影、形象塑造以及艺术鉴赏五个方面的素养。
- 模特职业化是社会发展的必然趋势。
- 现如今模特职业化的发展已形成一套完整的推广模式。

思考题

1.如何通过科学饮食保持形体？

2.对于模特面部及形体要求有哪些？

3.模特专业素质的培养包括哪些？

4.了解自己的外在形象，并对自己进行形象塑造。

5.如何培养艺术鉴赏与素养的能力？

6.模特职业化分为哪几个发展阶段？

第三章
服装表演的训练内容

课题名称：服装表演的训练内容

课题内容：1. 形体训练

2. 台步训练

3. 肢体平衡与舞台走线训练

4. 舞台造型训练

5. 服装与道具的融合训练

课题时间：32课时

教学目的：扎实基本功、增强身体灵活度以及对舞台造型的掌控

教学方式：理论教学与实践教学相结合

教学要求：训练动作要标准，加强肢体协调度，熟练舞台造型以及掌控走台线路

课前（后）准备：课前掌握基础理论知识，课后在实践中巩固学习

对于模特而言，形体、台步、肢体协调性以及造型能力的好坏都是衡量模特专业度的标尺，可以通过后天努力训练进行提升。需要对模特的体姿体态进行基础的评估（表3-1），针对问题，通过各种专项动作的练习可以塑造和改变不良形体的原始状态，提高协调性和灵活性，增加形体的可塑性，并且能够增强体质。训练的过程需要有计划、有目的、有组织，训练时尽量穿着形体服、软底鞋或运动鞋，女生尽量束发。

表3-1　体姿体态评估表

静态体位	头部位	正位	中立位○	左侧倾○	右侧倾○	左扭转○	右扭转○
		侧位	正中位○	前倾○	后仰○		
		后位	中立位○	左侧倾○	右侧倾○	左扭转○	右扭转○
		侧位建议：后方颈部肌肉过紧？ 是○ 否○　前方颈部肌肉过弱？ 是○ 否○					
		前后位建议：颈侧肌肉过紧？ 左侧：是○ 否○　右侧：是○ 否○					
	颈椎	侧位	正常曲度○	过度曲○	过后伸○		
		侧位建议：后方颈部肌肉过紧？ 是○ 否○　前方颈部肌肉过弱？ 是○ 否○					
	肩部	正位	中立位○	左肩高○	右肩高○		
		后位	中立位○	耸肩○	塌肩○		
		前位建议：单侧肩胛骨部位肌肉过于紧张？ 是○ 否○					
		后位建议：斜方肌过于紧张？ 是○ 否○					
	肩胛骨	侧位	平贴着上背部○	圆肩○	后仰○		
		后位	中立位○	不平行○	左肩胛骨	右肩胛骨	相距过宽○
		侧位建议：胸部肌肉过紧？ 是○ 否○　上背部肌肉过紧？ 是○ 否○					
		后位建议：单侧肩胛骨部位肌肉过于紧张？ 是○ 否○　胸部肌肉过紧？ 是○ 否○					
	胸椎	侧位	正常曲度○	过度曲○	过后伸○		
		侧位建议：胸部肌肉过紧？ 是○ 否○					
	胸腰椎	后位	成直线○	S形○	C形○		
		后位建议：长期睡姿不良？ 是○ 否○　长期坐姿不良？ 是○ 否○					
		抗阻力训练：　　　　　　　　伸展运动：					
	上肢	正位	中立位○	手掌内翻○	手掌外翻○	左侧○	右侧○
		后位	中立位○	手臂内翻○	手臂外翻○	左侧○	右侧○
		正后位建议：小臂肌肉紧张？ 内侧○ 外侧○　大臂肌肉紧张？ 内侧○ 外侧○					
	腰椎	侧位	中立位○	过于前曲○			
		侧位建议：下背部肌肉过紧，腹部肌肉过弱？ 是○ 否○					
	骨盆	正位	水平位○	左侧高○	右侧高○	前倾○	
		侧位	中立位○	前倾○	后倾○		
		后位	水平位○	左侧高○	右侧高○		
		侧位建议：髋屈曲肌过紧？ 是○ 否○					
		正后位建议：单侧臀部肌肉过弱？ 是○ 否○					

静态体位	下肢	正位	中立位○　　膝关节内旋○　　　膝关节外旋○
		侧位	中立位○　　膝关节超伸○
		后位	中立位○　　腿肚外翻○
	足	后位	成平行位○　　足弓高○　　　足弓塌○
身形总结			偏脸○　歪头○　下巴前倾○　下巴内扣○　高低肩○　圆肩○　驼背○ 胸骨前隆○　挺肚子○　手肘外翻○　手肘内扣○　骨盆前倾○　骨盆后倾○ 骨盆侧倾○　长短脚○　O形腿○　X形腿○　腿肚外翻○　膝盖超伸○ 左脚尖内扣○　右脚尖内扣○　外翻○
动态体位			重心前倾○　左右摇摆○　手臂不动○　摆臂过高○　走路不抬脚○ 左脚腕外翻○　右脚腕外翻○　小碎步○　迈大步○

第一节　形体训练

形体训练课是服装表演非常重要的一门基础课程，是服装表演专业教学中的重要组成部分，在提高模特形体表现力和表演技能上起到重要的作用。形体训练就是要通过循序渐进的方式，系统地展开训练，以达到塑造职业模特的完美形体和培养其良好的柔韧性、协调性、乐感和节奏感的主要目的。

一、部位塑形训练

部位塑形训练是模特形体训练的重要内容。模特可以有针对性地对自身部位形态进行改善，以塑造模特良好的身形，提升模特形体的控制能力。训练过程应本着从易到难、从简单到复杂的原则。同时也要注意自己的承受能力，不能超负荷，以免发生受伤事故。无论是哪种训练方式，开始之前学生都要做好充分的准备活动，结束时必须拉伸和放松，避免局部肌肉变粗、身体酸痛等情况。

（一）颈部练习

模特通过颈部运动，拉伸颈部周围肌肉群。可防止肌肉松弛和脂肪堆积，减少面部和颈部的皮肤皱纹。另外能促进头部的血液循环和颈椎的正常发育，增强颈部肌肉力量，使颈部挺直，还可预防和控制颈椎炎、骨质增生等疾病。

1.练习一：颈部前、后屈（图3-1）

（1）预备姿势：站姿，挺胸收腹，腰背立直，目视前方。

（2）练习方法：颈部前屈，用下巴去触碰锁骨，即低头8拍，还原；接着颈部后屈，即后仰头8拍，再还原。前、后屈16拍为一组，重复训练4组。

（3）注意事项：头颈自然放松，动作幅度尽量大，使颈部肌肉充分伸展。练习时，动作舒缓，慢而匀速，重复练习。

　　　　（a）颈部前屈　　　　　　　　　　　　　　（b）颈部后屈

图3-1　颈部前、后屈

2.练习二：颈部左、右屈（图3-2）

（1）预备姿势：站姿，挺胸收腹，腰背立直，目视前方。

　　　　（a）颈部左屈　　　　　　　　　　　　　　（b）颈部右屈

图3-2　颈部左、右屈

（2）练习方法：头向左侧屈，用耳部向肩膀方向靠近8拍，还原；头向右侧屈，用耳部向肩膀方向靠近8拍，再还原。左、右屈16拍为一组，重复训练4组。可用双手辅助，最大限度对头部右侧、左侧进行施压。

（3）注意事项：头颈自然放松，动作幅度尽量要大。练习时，肩要下沉，不要耸肩，后背要立住。

3.练习三：颈部转动（图3-3）

（1）预备姿势：站姿，挺胸收腹，腰背立直，目视前方。

（2）练习方法：头逆时针转。结合练习一和二的要求，先向下低头，慢慢低头转向右肩膀，再后转至仰头，再慢慢仰头转向左肩膀，再转至低头，最后还原。先逆时针后顺时针，换方向练习。8拍转一圈，16拍为一组，重复训练4组。

（3）注意事项：后背立直，腰腹核心收紧不要前倾或后仰。练习时，最大限度转动头部。

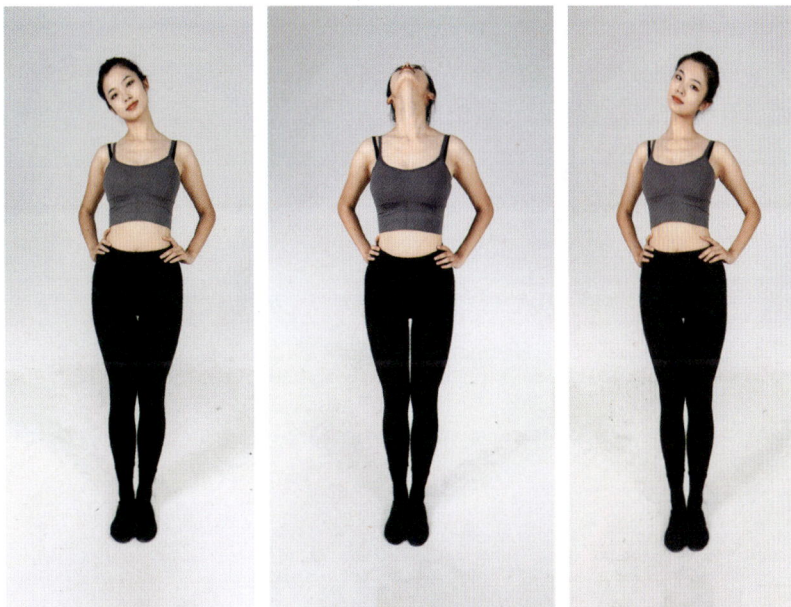

（a）颈部右转　　　　　　　　（b）颈部后转　　　　　　　　（c）颈部左转

图3-3　颈部转动

4.练习四：颈部左、右平移（图3-4）

（1）预备姿势：站姿双手叉腰，挺胸收腹，腰背立直，目视前方。

（2）练习方法：身体立住不动，头向左侧平移8拍，还原；接着头向右侧平移8拍，再还原。左右平移16拍为一组，重复训练4组。

（3）注意事项：躯干固定不动，两肩不要提起，上体不要左右摇晃。

（a）颈部左平移　　　　　　　　　　　　　　（b）颈部右平移

图3-4　颈部左、右平移

5.练习五：颈部前、后平移（图3-5）

（1）预备姿势：半蹲，双手叉腰，挺胸收腹，腰背立直，目视前方。

（2）练习方法：身体保持不动，头向前平移，下颌向前伸8拍，还原；接着头向后平移，下颌向后缩8拍，再还原。前后平移16拍为一组，重复训练4组。

（3）注意事项：头保持正直，动作幅度尽量要大，重复练习。

 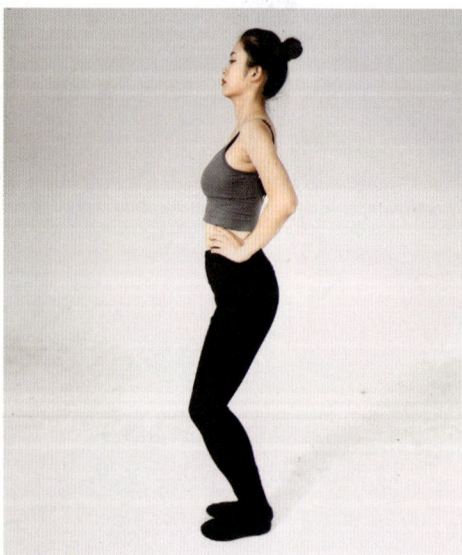

（a）颈部前平移　　　　　　　　　　　　　　（b）颈部后平移

图3-5　颈部前、后平移

（二）肩部练习

肩关节是躯干和手臂进行运动的关键部位。模特通过肩部练习，可以增强肩部肌肉力量，增进肩关节的灵活性，改善和预防肩部不良体态。掌握肩部的训练方法，可以端正形体、增加形体的优美程度，同时还可以缓解肩部疲劳酸痛，预防和医治肩周炎，并促进头部、颈椎、胸部的血液循环。形态较好的肩部应是平直的，不溜肩、不耸肩，与髋关节和腰部之间比例适中。

1. 练习一：肩部提沉（图3-6）

（1）预备姿势：挺胸收腹，腰背立直，目视前方，双臂自然下垂于体侧。

（2）练习方法：双肩同时上提，然后同时下沉。左肩上提，右肩不动。然后右肩上提，左肩不动，用肩膀去触碰耳朵。双腿屈膝（膝盖、脚尖方向一致），同时双肩交替提沉（用肩带动手臂），直臂，挺胸，立腰。

（3）注意事项：头不要动，双肩最大限度地做上提、下沉动作。

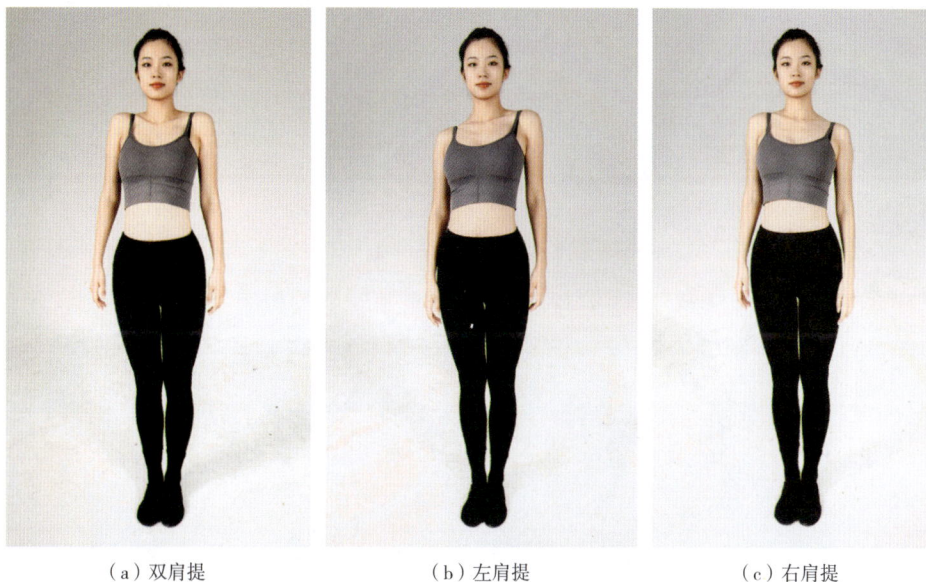

（a）双肩提　　　　　　　　　（b）左肩提　　　　　　　　　（c）右肩提

图3-6　肩部提沉

2. 练习二：肩部环绕（图3-7）

（1）预备姿势：站姿，挺胸收腹，腰背立直，目视前方。

（2）练习方法：左肩向前扣、上提、后下、回正进行绕环4拍，右肩不动，收腹、立腰、挺胸、头正，再反方向绕环4拍；换右肩，向前扣、上提、后下、回正，进行绕环4拍，左肩不动，再反方向绕环4拍，16拍为一组，重复练习4组。做完单肩环绕后做双肩练习，经前扣、上提，再向后绕环，再做由后向前的反方向动作。8拍一组，重复练习4组。

（3）注意事项：环绕时两臂放松，速度均匀、连贯，幅度大。

（a）肩部前转　　　　　（b）肩部上转　　　　　（c）肩部后转

图3-7　肩部环绕

3.练习三：站立扣、展肩（图3-8）

（1）预备姿势：站姿，挺胸收腹，腰背立直，目视前方。

（2）练习方法：两肩同时向内扣，含胸，保持4拍，然后两肩同时向外展，挺胸保持4拍，8拍一组，重复练习4组。

（3）注意事项：扣肩、展肩幅度要大，肩部要前后平动。

（a）站立扣肩　　　　　　　　　　（b）站立展肩

图3-8　站立扣、展肩

4.练习四：移肩（图3-9）

（1）预备姿势：双脚左右开立，两臂侧平举，收腹，立腰，挺胸，头正。

（a）移右肩

（b）肩回正

（c）移左肩

图3-9 移肩

（2）练习方法：双肩向左侧平移停留4拍，回正，换反方向练习停留4拍，8拍一组，重复练习4组。可加速训练。

（3）注意事项：上体不要随着肩部平移而晃动。

（三）上肢练习

模特可以通过丰富多彩的上肢动作表达情绪、情感。上肢动作是通过大臂带动小臂、肘关节的屈伸及手型的变化来实现的。上肢包括大上臂、前臂和手，通过肘关节、腕关节连接在一起，共同构成人体的上肢，通过肩关节与躯体的连接，构成身体的一部分。日常生活中，经常锻炼上肢，可减少臂部多余脂肪，增强上肢肌肉的力量，使体型更为协调，体态更轻盈、敏捷。女模特允许有轻微的肱三头肌和肱二头肌，但肌肉线条不可过分明显。

1.练习一：双臂环绕（图3-10）

（1）预备姿势：站立，双臂水平张开，背挺直。

（2）练习方法：双臂向外推到最远，手腕立起，双手五指张开，以肩为轴，双臂经后向前绕环，一周为一拍，做8拍；再经前向后绕环，一周为一拍，做8拍。16拍为一组，重复练习4组。

（3）注意事项：绕环时，手腕带动手臂，腰背立住，避免身体晃动。

（a）双臂侧平举环绕1 　　　　　（b）双臂侧平举环绕2 　　　　　（c）双臂侧平举环绕3

图3-10　双臂环绕

2.练习二：内收小臂（图3-11）

（1）预备姿势：盘腿坐，双手握拳向前伸直手臂，拳心朝上。

（2）练习方法：上臂不动，小臂向上内收，形成屈肘姿势，拳心向内，然后慢慢放下，还原成预备姿势。两拍一组，重复练习16组。

（3）注意事项：练习时上体不要前后晃动，腰背立住。

（a）前举伸小臂 　　　　　　　　（b）前举收小臂

图3-11　内收小臂

3.练习三：双臂交叉上摆（图3-12）

（1）预备姿势：盘腿坐，双臂伸直交叉于体前，手心向内。

（2）练习方法：双手慢慢向上摆动直至头顶，保持手臂交叉，然后慢慢向两侧打开手臂，划圈还原至预备姿势。8拍为一圈，一圈为一组，重复训练8组。

（3）注意事项：手臂上交叉时，上臂内侧贴近耳部，手肘不能弯曲。

（a）双臂交叉下摆　　　　（b）双臂交叉上举　　　　（c）双臂张开上举

图3-12　双臂交叉上摆

4.练习四：屈臂外展（图3-13）

（a）屈臂外展侧面　　　　　　　（b）屈臂外展正面

图3-13　屈臂外展

（1）预备姿势：双腿半蹲开立，两臂自然下垂，腰背立住。

（2）练习方法：两臂上屈于胸前，双手握拳，拳心向内。两臂外展，两小臂与地面垂直，拳心相对，扩展胸腔停留2拍，还原2拍。4拍为一组，重复训练16组。

（3）注意事项：练习时，上臂与地面平行，注意保持挺胸、收腹、立腰的身体姿势，屈肘，小臂与上臂呈90°，动作要有力度和弹性，保持后脑勺、肩背、臀部、脚后跟在一条直线上。经常练习，可减少上臂多余脂肪。

（四）胸部练习

女模特的胸部要左右大小相同、高低对称，坚挺有弹性。胸部是曲线美不可缺少的组成部分。加强胸部锻炼，可以提升心肺功能，使胸部更好地发育。胸部健美与否，可通过目视和测量胸廓来衡量。根据胸廓前后径和横径的大小，一般可将胸部形态分为正常胸、扁平胸、桶状胸、鸡胸、漏斗胸、不对称胸等。加强胸部练习，不仅能改变含胸等不良体态，使扁平的乳房丰满而坚挺，造就优美的胸部曲线，更能使人体态挺拔向上，增加气质。

1.练习一：站立含、展胸（图3-14）

（1）预备姿势：双腿开立，双臂垂于体侧。

（2）练习方法：匀速挺胸，使肩外展，双手臂置于身后停留4拍，然后匀速含胸，使两肩内扣，胸廓内收停留4拍。8拍为一组，重复练习8组。

（3）注意事项：抬头，上体立直，不要随肩部动作前后摆动。

（a）站立含胸

（b）站立展胸

图3-14　站立含、展胸

2.练习二：跪姿俯卧撑（图3-15）

（1）预备姿势：双手掌、双足尖撑地，身体呈斜直线。

（2）练习方法：双膝撑地，屈肘，身体下落至大小臂呈直角，停留4拍，手臂撑直还原，停留4拍。8拍为一组，重复练习8组。

（3）注意事项：身体下落时，肘关节外开收腹，身体保持平直，不要低头。

（a）跪姿俯卧撑屈臂　　　　　　　　　　　（b）跪姿俯卧撑伸臂

图3-15　跪姿俯卧撑

（五）背部练习

背部是展现模特形体、气质好坏的重要部位。平直的背部、匀称的肌肉线条，可以充分体现模特的优雅气质。斜方肌位于背的上部浅层，向上构成了后颈，向下加宽了双肩，构成宽肩、平背，使背部形成美丽的线条，对比显示出腰部的纤柔。背阔肌为人体最大的一块阔肌，它加宽和加长了背部，还有一些小肌肉群，对固定背部骨骼起着十分重要的作用。经常针对背部进行练习，可以预防和矫正含胸、驼背姿势，减少背部多余脂肪，塑造背部肌肉线条，使形体挺拔向上，最大限度地保证姿态端正和动作稳定。

1.练习一：俯卧上举臂（图3-16）

（1）预备姿势：俯卧，两肘支撑上体。

（2）练习方法：一肘支撑，另一手臂尽量向前方伸直上举，停留8拍，还原，然后换手练习停留8拍。16拍为一组，重复练习8组。

（3）注意事项：上体不能左右倒，手臂上举幅度尽量大。

（a）俯卧双臂屈臂支撑

（b）俯卧单臂上举

图3-16 俯卧上举臂

2. 练习二：俯撑后仰（图3-17）

（1）预备姿势：俯卧，双手屈肘撑地。

（2）练习方法：双臂撑直，上体后仰，抬头停留8拍，还原。8拍为一组，重复练习8组。

（3）注意事项：动作过程中用力仰头，向后下腰。

（a）俯撑屈臂后仰

（b）俯撑伸臂后仰

图3-17 俯撑后仰

3. 练习三：俯卧两头起（图3-18）

（1）预备姿势：俯卧，双臂伸直置于头部上方，也可以手臂屈肘于肩侧。

（2）练习方法：以髋关节、腹部为支点，腰背尽量用力，同时抬起上体和双腿，完成两头翘起动作，停留8拍，还原。8拍为一组，重复练习8组。

（3）注意事项：腿部和胳膊伸直，臀部夹紧，小腹收紧，动作速度稍慢，上体和双腿尽量抬高，同时抬头挺胸。

（a）俯卧 　　　　　　　　　　　　　（b）俯卧两头起

图3-18　俯卧两头起

4.练习四：交叉两头起（图3-19）

（1）预备姿势：俯卧，双手肘支撑上体。

（2）练习方法：左臂和右腿同时向上抬起，停留8拍，再慢慢同时放下；换右臂和左腿同时向上抬起，停留8拍。8拍为一组，重复练习8组。

（3）注意事项：上、下肢同时用力，动作协调。

（a）交叉右臂左腿起 　　　　　　　　　　（b）交叉左臂右腿起

图3-19　交叉两头起

5.练习五：腰背上抬练习（图3-20）

（1）预备姿势：练习者俯卧于地面，双臂双手放在脑后，双腿伸直，辅助者双手压住练习者双脚。

（2）练习方法：练习者上体尽量向上抬起，停留8拍，然后再回到俯卧姿态。8拍为一组，重复练习8组。

（3）注意事项：练习时抬头挺胸，肌肉保持绷紧状态，有节奏地起落。

图3-20 腰背上抬练习

6.练习六：体前屈举臂（图3-21）

（1）预备姿势：双腿开立，双手体后五指交叉握。

（2）练习方法：上体前屈平行于地面，双臂伸直，双手用力向后上方上提至最高位置，停留8拍，还原。8拍为一组，重复练习8组。

（3）注意事项：双腿、双臂伸直，速度均匀。

（a）手臂交叉   （b）手臂交叉后提

图3-21 体前屈举臂

（六）腰、腹部练习

核心力量的强弱决定模特台步的质量，而腰、腹部是决定核心力量强弱的关键因素，它决定一个人形体控制能力的好坏和体型的优美程度。腰、腹部位于胸廓下和盆骨之间，是人体极易储存脂肪的部位，腹腔前壁由腹直肌、腹横肌、腹外斜肌、腹内斜肌四块肌肉组成。腹腔后壁主要由腰方肌组成。腹直肌、腹内斜肌、腹外斜肌主要起到完成收腹动作的作用，腹横肌能维持和增加腹压，保护人体内脏器官。经常进行腰、腹部锻炼，可以对人体的内脏器官起到良好的支托作用，同时可以消耗多余的皮下脂肪，并能有效地防治慢性腰肌劳损，保护腰椎。

1.练习一：侧屈腰（图3-22）

（1）预备姿势：分腿站立，双手扶头后。

（2）练习方法：向一侧屈上体，另一侧腰充分拉伸停留8拍，还原，换另一侧，停留8拍。16拍为一组，重复练习8组。

（3）注意事项：侧屈上体时手臂和上体在一个平面内，动作幅度要大。

2.练习二：转腰（图3-23）

（1）预备姿势：双腿开立伸直，上体前屈。

（2）练习方法：以双臂带动上体，从左经后再经右，环绕一圈，一圈为8拍，还原后再做对称动作，8拍。16拍为一组，重复练习8组。

（a）右侧屈腰　　　　　　　　　　　　　　（b）左侧屈腰

图3-22　侧屈腰

（a）右侧屈腰　　　　　　　　　　　　　（b）后转腰

图3-23　转腰

（3）注意事项：转腰时，肩要主动配合，头随手的方向。尽量做到平圆、幅度大，双膝不能弯曲，双臂尽量伸展。

3.练习三：仰卧挺腰（图3-24）

（1）预备姿势：仰卧，上体正直，双臂放于体侧，双腿弯曲。

（2）练习方法：向上挺腰提臀，与小腿垂直停留8拍，还原。8拍为一组，重复训练8组。

（3）注意事项：平卧时大小腿折叠，腰腹部发力带动上体挺腰立起。

（a）仰卧屈腿　　　　　　　　　　　　　（b）仰卧屈腿挺腰

图3-24　仰卧挺腰

4.练习四：仰卧扭腰（图3-25）

（1）预备姿势：仰卧，双腿并腿屈膝，双臂于体侧贴地。

（2）练习方法：双腿并拢，小腿弯曲垂直于地面，向右侧落腿，右小腿外侧贴地面，停留8拍，还原，然后反方向练习。16拍为一组，重复训练8组。

（3）注意事项：侧落腿时，双腿保持并拢，上体不要随着扭转。

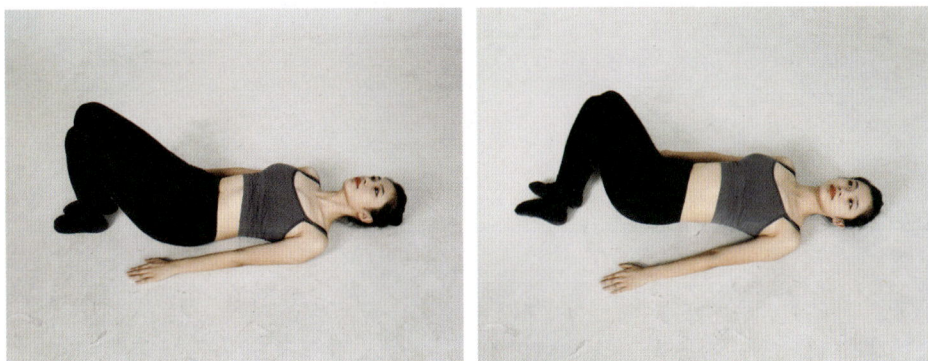

（a）仰卧屈膝 　　　　　　　　　　　　　　　（b）仰卧扭腰

图3-25　仰卧扭腰

5.练习五：仰卧起坐（图3-26）

（1）预备姿势：仰卧，屈膝，双手扶头。

（2）练习方法：抬头，腹部用力使背部离开地面，用头去贴近膝盖2拍，还原2拍。4拍为一组，重复练习20组。

（3）注意事项：抬起上体时不要含胸低头，注意力集中在上腹部。经常练习可减少上腹部多余脂肪。

（a）平躺仰卧屈腿 　　　　　　　　　　　　　（b）平躺仰卧屈腿起

图3-26　仰卧起坐

6.练习六：举手抬上体（图3-27）

（1）预备姿势：仰卧，屈膝，两臂伸直头上交叉握手，上臂内侧贴在耳侧，夹住头部。

（2）练习方法：抬头收腹至背部离开地面45°，两臂向前平伸，上举，控制身体缓慢平躺，还原。重复做8组。

（3）注意事项：抬起上体时不要含胸低头，平躺时尽量腹部发力，而不是利用惯性完成动作，控制身体，越慢越好。

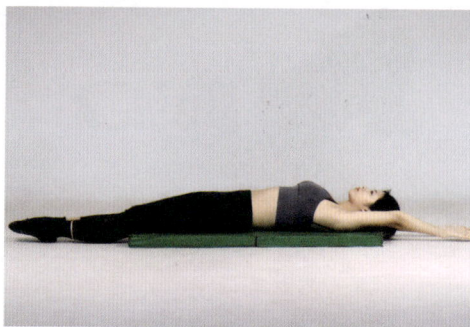

（a）屈腿水平举手　　　　　　　　　　（b）手臂上抬平躺腹部发力

图3-27　举手抬上体

7.练习七：收腹抱膝（图3-28）

（1）预备姿势：仰卧，双臂伸直上举。

（2）练习方法：收腹，吸腿，同时抬起上体，双手抱紧双膝，保持抬头、挺胸、腰背挺直的姿态。重复练习8组。

（3）注意事项：动作速度不要太快。经常练习可减少上、下腹部多余脂肪。

（a）平躺屈腿上举臂起身　　　　　　　　　（b）屈腿抱膝

图3-28　收腹抱膝

8.练习八：双腿上、下交叉（图3-29）

（1）预备姿势：身体平卧，双手放于身体两侧，双腿并拢绷脚面。

（2）练习方法：双腿同时抬起，离地面45°，然后双腿互相上下快速交叉摆动。

（3）注意事项：膝盖不要弯曲，脚踝发力带动腿部上下摆动。

图3-29　双腿上、下交叉

9.练习九：双腿交替蹬伸（图3-30）

（1）预备姿势：身体平卧在垫上，双手枕在脑后，双腿并拢绷脚面。

（2）练习方法：弯曲双腿于腹部上方，大腿与小腿保持90°，小腿与地面平行，先蹬伸出左腿，右腿保持屈膝2拍，然后再蹬伸出右腿2拍，双腿交替进行。4拍为一组，重复练习20组。

（3）注意事项：腹部发力带动腿部。蹬伸腿时，膝盖伸直，腰背贴住地面。

（a）屈膝抬腿　　　　　　　　　　　　　　（b）双腿交替蹬伸

图3-30　双腿交替蹬伸

10.练习十：仰卧交替吸腿（图3-31）

（1）预备姿势：仰卧，双手枕于脑后。

（2）练习方法：屈膝收左腿，同时上体抬起并右转，用左肘去靠左侧膝盖2拍，还原躺下2拍。然后换方向练习。8拍一组，重复训练8组。

（3）注意事项：收腿时，大腿尽量靠近腹部，上体的转动要充分。重复练习各20次。经常练习可减少腹侧部多余脂肪，增强力量。

（a）平躺　　　　　　　　　　　　　　（b）屈膝收腿左转上体

图3-31　仰卧交替吸腿

11.练习十一：双腿上抬（图3-32）

（1）预备姿势：双臂曲肘撑地，身体挺直，双腿并拢绷脚面。

（2）练习方法：双腿伸直抬起，缓缓放下。重复练习8组。

（3）注意事项：上抬时膝盖不要弯曲，下腹部发力带动双腿上抬。

图3-32　双腿上抬

12.练习十二：绕腿（图3-33）

（1）预备姿势：仰卧，双腿伸直上举，双臂侧平伸。

（2）练习方法：以髋关节为中心，双腿自右向左绕环，还原，然后反方向练习。左右两圈为一组，重复练习20组。

（3）注意事项：上体及双臂不得移动或离地。绕腿时，腹部发力，膝盖伸直，绕环幅度尽可能大。

（a）仰卧，双腿伸直上举　　　　　　　　（b）双腿自右向左绕环

图3-33　绕腿

13.练习十三：两头起（图3-34）

（1）预备姿势：身体平躺于地面，双手放于头部上方，贴于地面，双腿并拢，绷脚面。

（2）练习方法：双腿并拢上抬，同时上体抬起，身体呈∨形，双臂前伸尽量接触到脚面，然后再慢慢回原位。起、落为一组，重复练习20组。

（3）注意事项：双腿和上体一定同时抬起，此练习要求上、下腹部同时协调发力，下落时速度一定要放缓，控制住身体。

（a）仰卧　　　　　　　　　　　　　（b）双腿并拢上抬

图3-34　两头起

14.练习十四：仰卧举腿后翻（图3-35）

（1）预备姿势：仰卧，双腿屈膝并拢，头、上体、双臂贴地。

（2）练习方法：下腹用力，收腿并将腿部举起，然后向后翻卷身体，用膝盖触碰额头。重复练习16组。

（3）注意事项：膝盖要适度弯曲，后翻时膝盖尽量靠近头部。

（a）仰卧屈膝抬腿

（b）腿部举起

（c）膝盖贴额头

图3-35　仰卧举腿后翻

15.练习十五：双人仰卧举腿（图3-36）

（1）预备姿势：练习者仰卧，双手抓住协助者脚踝部，协助者分腿立于练习者头的两侧，双臂伸直前平举。

（2）练习方法：练习者双腿上举，脚尖触及协助者双手，然后控制双腿轻轻落下。重复练习20组。

（3）注意事项：练习者举腿要迅速，腿下落时要由腹肌控制轻轻落下，膝盖伸直，脚面绷直。协助者可适度施力推动练习者的双脚。

（a）双手抓住协助者脚踝仰卧　　　　　　　（b）双手抓住协助者脚踝与脚尖触及协助者双手

图3-36　双人仰卧举腿

（七）胯部练习

女模特优美的动作造型和T台上行走的动作姿态，都与胯部的灵活性、空间位置及用力的准确性密切相关。胯是由骨盆和体积较大的肌肉群组成。一般来说，女子胯部脂肪比男子厚。胯部柔韧性的好坏，会直接影响动作的舒展与优美程度。胯部柔韧性练习可以塑造臀部线条。模特经常进行胯部锻炼，可提高胯部灵活性。

1.练习一：前后顶胯（图3-37）

（1）预备姿势：双脚打开，与肩同宽，双膝微曲，腰背立住，头、背、脚后跟一条直线，小腹和臀部收紧，双手叉腰。

（2）练习方法：臀部收紧，向前顶胯上提。重复练习20组。

（3）注意事项：上体不要随着顶胯前仰后合，脚后跟不要抬起。

（a）双手叉腰屈膝 　　　　　　　　　　　　　　　（b）顶胯

图3-37　前后顶胯

2.练习二：左右提胯（图3-38）

（1）预备姿势：分腿站立，两手叉腰。

（a）右提胯 　　　　　　　　　　　　　　　（b）左提胯

图3-38　左右提胯

（2）练习方法：胯向左上方提，左脚跟提起，右腿不动2拍，还原2拍，换方向练习。8拍为一组，重复练习8组。

（3）注意事项：上体保持正直，胯尽量提到最高点。

（八）臀部练习

臀部主要由臀大肌、臀中肌和臀小肌组成，臀大肌覆盖在大腿肌肉的后上部，能使大腿伸、外展和内收，使骨盆后倾。臀中肌一部分位于臀大肌的深层，一部分位于臀部的上部和侧部。臀小肌位于臀大肌和臀中肌的深层。模特臀部应挺翘、圆润、结实。从侧面看，臀部圆润、高翘，但又不过分圆鼓，与大腿后侧形成平滑匀整的过渡，从背面看，无明显臀纹线。

1.练习一：仰卧顶胯（图3-39）

（1）预备姿势：仰卧，屈膝，双臂置于身体两侧。

（2）练习方法：臀部肌肉用力收缩，同时向上顶胯至最高点停留8拍，接着控制臀部慢慢下落，8拍还原。16拍为一组，重复练习20组。

（3）注意事项：身体缓慢下落，配合呼吸，顶胯时吸气，下落还原时吐气。

（a）仰卧屈膝　　　　　　　　　　　　　　　　（b）顶胯

图3-39　仰卧顶胯

2.练习二：屈膝上抬腿（图3-40）

（1）预备姿势：跪姿，双掌撑于地面，目视前方。

（2）练习方法：左腿支撑，右腿保持大小腿屈膝，慢慢抬起，直至超过臀部水平位置，然后慢慢放下。重复练习20组，换右腿练习20组。

（3）注意事项：不要塌腰，小腹、臀部收紧，抬腿时，上体不要随着扭转。

（a）跪姿双手撑地   （b）上抬腿

图3-40   屈膝上抬腿

3.练习三：跪撑侧举腿（图3-41）

（1）预备姿势：跪姿，双掌撑于地面，目视前方。

（2）练习方法：左腿支撑，右腿伸直向侧外打开，上举至最高点，还原。重复练习20组，换左腿练习20组。

（3）注意事项：练习时抬头，动作过程中身体保持平直，不要左、右晃动。

（a）跪撑   （b）侧举腿

图3-41   跪撑侧举腿

4.练习四：俯卧后抬腿（图3-42）

（1）预备姿势：俯卧，双腿并拢伸直，两臂上举。

（2）练习方法：左右腿依次后抬腿，臀部收紧。重复练习20组。

（3）注意事项：后抬腿时，上身贴地不要抬起，腿抬至最高点。

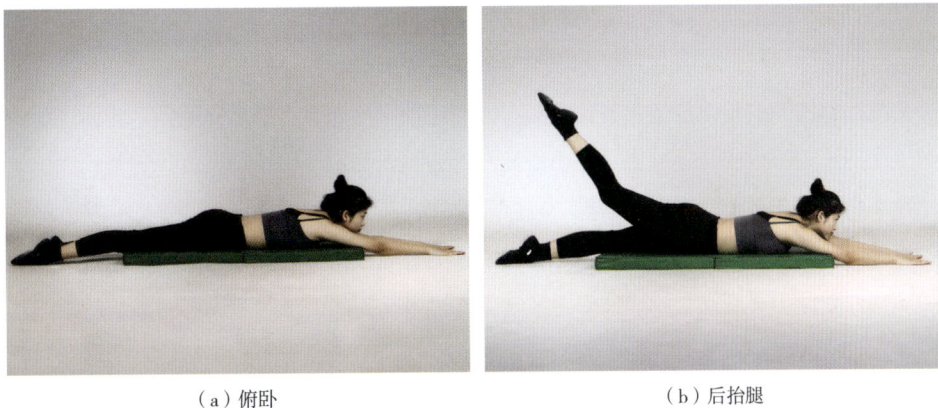

（a）俯卧　　　　　　　　　　　　　　（b）后抬腿

图3-42　俯卧后抬腿

5.练习五：跪撑后抬腿（图3-43）

（1）预备姿势：跪姿，双掌撑于地面，目视前方。

（2）练习方法：右腿屈膝撑地，左腿伸直，脚面绷直，向后上方直膝上抬至最高点，还原。重复练习20次后，换右腿练习。

（3）注意事项：向后上方上抬腿时，上体保持平直后抬腿时抬头、挺胸，动作幅度要大，落地还原时，用核心控制下落速度，在动作过程中脚面始终绷直。

（a）跪撑　　　　　　　　　　　　　　（b）后抬腿

图3-43　跪撑后抬腿

（九）腿部练习

模特的职业特点要求模特的双腿不能过细或者肌肉过于发达。由于模特身高高于常人，上下身差的要求要优于普通人，同时体重指标及身体各部位围度值较低，所以腿部形态存在的问题很容易暴露。模特经常进行腿部锻炼，可以减少腿部脂肪堆积，加强腿部肌肉力量，改善O形腿、X形腿，保持腿部围度及形态适中。腿部包括大腿、小腿和足。大腿是由股骨及附着其上面的肌肉群构成，大腿肌肉的强健对塑造臀部的线条，维护骨盆和脊柱的位置以及增强骨盆底肌肉力量有很大益处；小腿是由胫骨、腓骨及附着其上面的肌肉群构成；足是由很多小骨及附着在其上面的小块肌肉构成。这些肌肉群可使大小腿及足在各个角度进行运动。总之，腿是人体支撑和一切运动的基础，是人体线条美的重要组成部分。腿部肌肉锻炼可以增强全身血液循环，加强髋关节、膝关节、踝关节的坚固性和灵活性，能使体形更加健美，也会使模特的步履充满活力。

女模特的腿要求发育均衡、无畸形。从正面看，由髋关节至膝关节应有因股四头肌的突起而形成的一条上端弧度较大、下端弧度较小的弧线。髋关节外侧，没有多余脂肪，如脂肪较多，突起较明显，会显得下肢偏短，重心较低。大腿内侧在立正站姿下（将双脚内侧并拢），大腿上三分之一要稍微丰满、圆润一些，双膝关节要能并拢，并且皮肤表面没有被挤压的感觉，如双腿完全并拢且没有缝隙，表示大腿内侧脂肪较多；如双腿虽并拢，但内侧出现较大的空隙，则说明需要增加肌肉。从侧面看，大腿前面应有轻微明显的肌肉轮廓，不可有过分发达的肌肉和较多的脂肪，特别是靠近腹股沟和膝关节的部位，大腿后面，要有轻微的肌肉突起，但不要线条过分明显。从背面看，臀纹线以下是大腿后侧比较容易堆积脂肪的部位，应重点观测，不可因皮下脂肪影响皮肤表面的平滑程度。小腿肌群从后面看，能够看见腓肠肌，且肌肉位置较高，但线条不易过分明显，与大腿、膝盖、脚踝相比围度适中。

1. 练习一：侧卧外展绷脚尖抬腿（图3-44）

（1）预备姿势：右侧卧，右手肘支撑上体，不要屈胯。

（2）练习方法：左腿绷脚，腿外展直膝上抬，抬离地面不超过45°，重复练习30组，换腿练习。

（3）注意事项：抬腿时，膝关节方向要始终保持向身体正前方，脚面绷直。

（a）侧卧（绷脚尖）　　　　　　　　　（b）外展抬腿（绷脚尖）

图3-44　侧卧外展绷脚尖抬腿

2.练习二：侧卧外展勾脚尖抬腿（图3-45）

（1）预备姿势：右侧卧，右手肘支撑上体，不要屈胯。

（2）练习方法：左腿勾脚，腿外展直膝上抬，抬离地面不超过45°。重复练习30组，换腿练习。

（3）注意事项：此练习针对大腿根、胯关节外侧，紧实并消耗多余脂肪。向上抬腿时，膝关节和脚尖的方向要始终保持向身体正前方。

（a）侧卧（勾脚尖）　　　　　　　　　　　　（b）外展抬腿（勾脚尖）

图3-45　侧卧外展勾脚尖抬腿

3.练习三：侧卧内收抬腿（图3-46）

（1）预备姿势：右侧卧，右手肘支撑上体，不要屈髋，左腿屈膝放于右腿前。

（2）练习方法：右腿绷脚，左腿内收直膝上抬。重复练习30组，换腿练习。

（3）注意事项：向上抬起时膝关节方向要始终保持向身体正前方，脚面绷直。

（a）侧卧　　　　　　　　　　　　　　　　　（b）内收抬腿

图3-46　侧卧内收抬腿

4.练习四：侧卧外摆腿（图3-47）

（1）预备姿势：右侧卧，右手肘支撑上体，左腿屈膝立于右腿前。

（2）练习方法：腿外展直膝上摆，摆至个人最大幅度。重复做20组，换腿练习。

（3）注意事项：前几次摆腿力度和幅度适当控制，不要突然发力，以免肌肉、韧带拉伤。

（a）侧卧　　　　　　　　　　　　　　　　（b）外摆腿

图3-47　侧卧外摆腿

5.练习五：侧卧内摆腿（图3-48）

（1）预备姿势：右侧卧，右手肘支撑上体，左腿屈膝立于右腿后。

（2）练习方法：右腿内收直膝上摆，摆至最大幅度。重复做20组，换腿练习。

（3）注意事项：臀部收紧，膝关节向前，前几次摆腿力度和幅度适当控制，不要突然发力，以免肌肉、韧带拉伤。

（a）侧卧　　　　　　　　　　　　　　　　（b）内摆腿

图3-48　侧卧内摆腿

6.练习六：仰卧外展腿（图3-49）

（1）预备姿势：仰卧，左腿屈立，右腿伸直上举。

（2）练习方法：右腿尽量外展，使大腿内侧充分拉伸，然后内收，用内侧肌的力量将腿部拉起至上举。重复做20组，换腿练习。

（3）注意事项：双臂贴地，腹部大腿发力，上体和支撑腿保持不动。

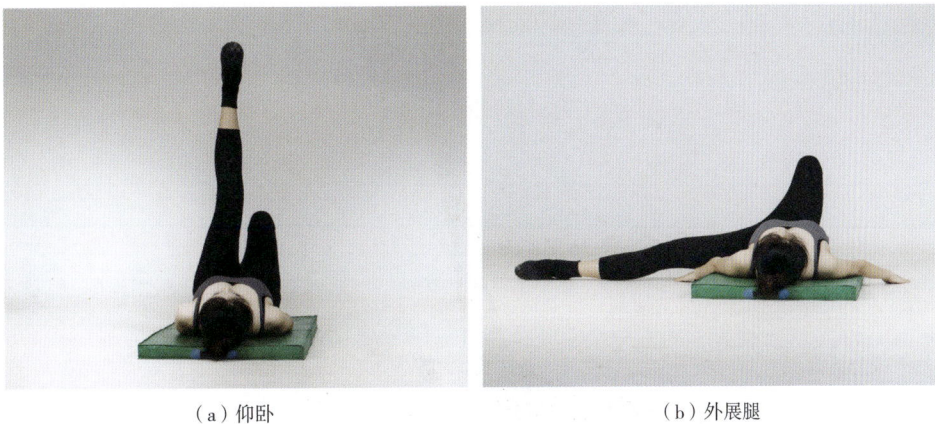

（a）仰卧　　　　　　　　　　　　　　　（b）外展腿

图3-49　仰卧外展腿

7.练习七：仰卧摆前腿（图3-50）

（1）预备姿势：仰卧，双臂放于体侧，双腿伸直并拢。

（2）练习方法：右腿绷脚，向上摆起，左腿不动，然后慢慢放下，8拍，换左腿8拍。16拍为一组，重复练习20组。

（3）注意事项：摆腿时，用脚背带动大腿摆起，速度不要过快，练习要舒缓，下落时要有控制地轻落。

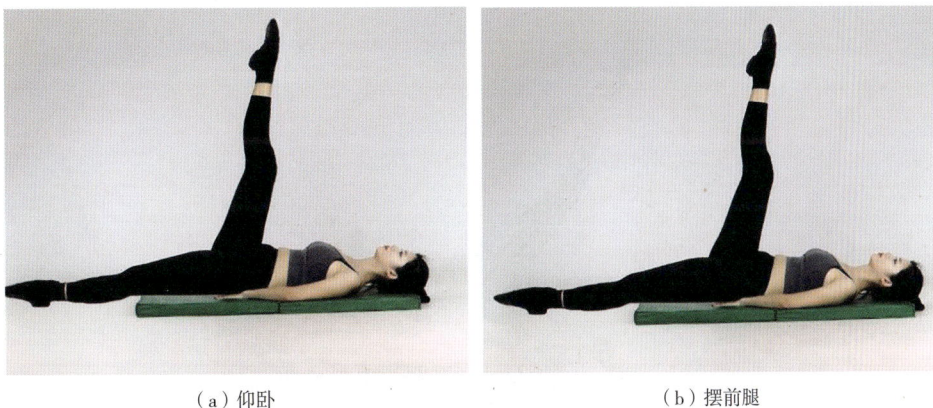

（a）仰卧　　　　　　　　　　　　　　　（b）摆前腿

图3-50　仰卧摆前腿

8.练习八：侧卧摆腿（图3-51）

（1）预备姿势：身体左侧卧，左手臂上举，手心向下贴于地面，右手臂屈肘放在体前，扶住地面，保持身体平衡。右腿尽力外旋，膝盖、脚面向上。

（2）练习方法：右腿绷脚，向上摆腿，感觉右脚向同侧肩、耳方向摆，左腿不动，然后慢慢放下。摆腿20组后换左腿，重复上述练习。

（3）注意事项：摆腿时，不要屈胯，身体保持一条直线，胯关节正位开胯，速度不要过快，练习要舒缓。右腿直腿下落回原位时，要有控制地轻落。

图3-51　侧卧摆腿

9.练习九：跪撑后摆腿（图3-52）

（1）预备姿势：左腿跪撑在地，右腿向后伸直，绷脚面点地，上身前俯双手撑地，抬头目视前方。

（2）练习方法：右腿向后上方摆，然后还原成预备姿势。后摆腿20组后换右腿练习，重复上述练习。

（3）注意事项：摆腿时，膝盖尽量伸直，肩、胯要正，抬头挺胸、塌腰。

图3-52　跪撑后摆腿

10.练习十：把杆正摆腿（图3-53）

（1）预备姿势：手扶把杆，外侧腿为动力腿，脚尖点地，外侧手做侧平举。

（2）练习方法：动力腿用力向前上方摆腿，绷脚尖，用脚背力量带动摆腿，两腿伸直。正摆腿20组后换腿练习。

（3）注意事项：保持抬头、挺胸、立腰、胯正、两腿伸直。练习幅度应逐渐加大。腿回落时注意控制至还原。

11.练习十一：把杆侧摆腿（图3-54）

（1）预备姿势：单手扶把杆，身体保持正直，外侧腿为动力腿，其脚尖于主力腿（支撑重心的腿）外侧点地，外侧手做侧平举。

（2）练习方法：动力腿向侧上方摆出，绷脚尖，用脚背力量带动摆腿，两腿伸直。侧摆腿20组后换腿练习。

（3）注意事项：保持抬头、挺胸、立腰、胯正、双腿伸直。练习幅度应逐渐加大。腿回落时，注意控制至还原。

图3-53　把杆正摆腿　　　　　　　　　图3-54　把杆侧摆腿

二、专业姿态训练

时装模特要熟练掌握时装表演中形体动态表演的基本方法和基础表演技能。在时装表演实践中，时装模特能较好地运用时装表演的基本形态、基本步态、基本动态以及动静姿态的转换、连接、变化，有意识、有方向、有目的地培养表演个性，扎实打下T台表演的基础。

（一）站立姿态训练要求

站立姿态是时装模特表演技能基础训练内容的开始，通过形体站立使模特掌握整体身心由内而外地表达气质气场的方法，在站立的持续深化训练过程中，形体的自然表现力、情绪情感的自由传达能力及个性气质特点等均得到有效提升。

1.站立的形正体端

站立的形正体端是模特学习时装表演形态艺术去表达感觉的开始，形体的各个部位都要有表演的意识，演艺界有句话说得好："好演员每一根头发丝都有感觉。"这说明艺术表演者的形态及感觉的表达方法至关重要。所以，时装模特一定要掌握从头至脚形正体端的基础方法，要熟记以下要求：挺胸、拔背、立颈，两眼平视，顶天立地，脚底生根，气落丹田，气息通畅，两肩平行，自然放松，双肩打开往下压，立腰收腹，胃肋同时往里收，提胯提臂向上向里收，两腿自然并拢无缝隙，大腿肌肉松紧有度不僵硬，意识高度集中，身体自然松弛，进入表演状态。模特的表演感觉及意识全部体现在形正体端要领的控制中，做到站立形态挺而不僵、松而不懈，适度地体现时装模特的形体表现力（图3-55）。

（a）站立侧　　　　　　　　　　　（b）站立正

图3-55　站立的形正体端

2.站立的气息运用

气息是任何艺术表演者都要练习的表演技巧。出入气息的自然流畅能够控制表演者的心理节奏、动态、韵律、情感及感觉。气息是由心而发，心动了才能行动。气息预示着身体内部能量发送的大小，吸气越深，发出的力量就越大，爆发力就越足。气息的轻、重、缓、急节奏变化预示着姿态、动作、情绪、情感表达的变化。轻柔的气息预示着姿态的轻盈飘逸、优雅恬静；深重的气息预示着姿态动作的强大有力、霸气张扬；缓慢的气息预示着姿态的深情满怀、依依不舍；短促的气息预示着姿态动作的迅速敏捷、节奏强力等。时装模特必须习得气息的自然运用，随着动态节奏的变化熟练地运用于时装表演中。

3.站立的静心投入

静心是时装模特全神贯注投入表演状态中必须具备的素质。静心是用自己的生命气息与心结合在一起，把纷杂向外乱跑的心收回来，平心静气，宁静的身心可以增强表现力，能够专心致志地聚集能量并在形体站立中表达出来。当你能静静地听到自己的出入气息，就表明你的心安静了，站立得越久心越宁静，聚集的内在力量就越大。静与发是互相助力的，静是为了发，静得越深，身心能量磁场的积聚就越大，散发的身心气场能量也就越强，这是一种收人心境的强大吸引力，当世界安静得连滴水的声音都能听见，其所带来的气场是能够震慑魂魄的。有了宁静心气的推动，从内至外释放"气质、气韵、气概"的磁场效应，就能够突显而出，静心工夫的深浅，预示着时装模特内在身心力量的强弱。这需要模特长期练习，才能使形体站立的静心中气平、气匀、气壮，才能使内心力量更强大。

4.站立的意识培养

心灵意识的触角可以伸向广阔世界任何角落的事与物。自我意识的培养可以向宇宙、大自然、万物千景打开通道，敞开心扉吸收养分，滋养心灵，宽广又灵动。时装模特的表演感知意识培养需要在一个和谐的、新鲜的、特别的、富有想象力的、身心愉悦的艺术环境中进行。激起时装模特表演意识的觉醒，在有意与无意中，自然投入表演的氛围中，使心灵自由地驰骋在美好的艺术想象之中。表演意识的培养与深化体现在任何环境的训练和实践过程中，点点滴滴、一景一物都有可能触发意识的灵感，以传情达意的表演，把内心的思想情感用形体语言抒发出来，同时要进行自我调整，以期能控制到最佳的表演状态。

5.站立的身心合一

身心合一地进入最佳表演状态是模特追求的艺术境界。时装模特要集中精神，在简单的形体站立语言中体现身心合一的表演效果。通过心灵的支配，迅速而准确地把内心的力量输送出来，让心力与外力形成协调统一的整体形体表现力，才能达到形因神而立，神融于形中，有了神的内涵意蕴，使形的演绎生动而富有感染力，心意自然而然地从形中流露出来，表现自己的本色个性、特质，把自己最真实的个性释放出来，把自己特有的气质神韵贯穿于整个表演过程中，形成内外统一、身心合一的生动表演效果，为时装表演步态、造型、形态打下扎实的基础。

时装模特要熟练掌握收身塑形的基本形态，气息随心念而灵动，静心投入与强大内心进行相互转化，表演意识的集中、深潜调节、控制及身心合一地投入艺术表演中，让心灵的真情点燃，使绚烂多姿的时尚舞台更加美丽。

（二）模特姿态造型的训练要求

1.姿态造型运动的基本方法

姿态造型是浓缩的肢体语言，是模特展示时装形态的基本方法。为了模特的表演能力得到充分的发挥，能够灵活自如地运用肢体语言传情达意，形成自己独立而完整的表演风格，模特需要掌握姿态造型变化的基本方法，并能有意识地运用头部、手部、腰部、腿部在360°的"点""线""面"的轨迹上运动，进行多种方位、多种角度、多种层次的自由创设，设计出随心意变化源源不断变换出来的姿态造型，塑造现代时尚人物形态（图3-56）。

（a）侧半身姿态   （b）正半身姿态

图3-56　姿态造型

（1）圆周上运动的基本方法。在立体的舞台表演空间中，为了使观众可以在任何角度欣赏到模特流畅动态的、优美的姿态造型，品味到设计作品的艺术内涵，模特的表演空间三面甚至全方位都有观众。模特姿态造型动作的训练方法需要借助于平圆、立圆、360°流动的圆，三位一体帮助模特找到表演的"点"与"面"，建立、更新、创造形体动态语言的表达方式，丰富姿态造型动作的设计与变化，灵活运用姿态造型动作，用其时髦的、清新的、独特的每个不同的瞬间定格，丰富人们的审美需求，以多姿多彩的姿态造型形体语言来体现时尚前沿的人物形态。

（2）圆周上"点"与"面"的运动方位。先把平圆平摊在地面上，并在平圆上平均划分出八条对径直线，可以设想一下，八条对径直线在圆周上分别可以产生十六个点，模特站立中心时头部与身体可以找到圆周上十六个运动的"点"。然后把平圆竖立起来，在立圆的圆周上同样可以产生十六个点，模特站立中心时头部的"点"与身体的"面"可以形成不同的运动方位。把第三个圆设想成360°，可以转动的，模特处在三圆立体的中心，采用头部以"点"、身体以"面"以及运动轨迹以"线"来解释。所以，当模特的头部与身体在不同"点""面"上运动时，就会产生不同方位、不同角度、不同层次的姿态造型，丰富的动作变化，人体就像太阳的射线一样立体地在360°周边发射线上运动，可以在任何表演的"点"与"面"上进行自由的、协调自如的、风格独特的姿态造型创造与变化，充分有效地发挥了形体动态语言的丰富表现力。

2.形体各部位运动的基本方法

圆周上产生的"点"与"面"使形体的姿态造型动态表演方位动线更加清晰，运动的"点"与"面"使姿态、动作、线条的表演更富有质感，内在心意的体现更自如流畅，表演的空间得到了延伸与扩大，使形体姿态造型动态肢体语言在丰富中完善，在成熟中形成神韵，在配合中建立气场，使姿态造型动态表达日趋完美。

（1）头部的运动。在分析了人体在"点"与"面"之间运动的关系后，我们发现头部运动的方位更加丰富。设想把平圆举过头顶，头部运动又多了向上看360°的方位点，形成了头部的仰视、平视、俯视的三维立体360°视觉方位点。即头部在立体三维的圆周上运动，可以找到任何的上、中、下的"点"作为表演的方位，因此，头部与身体可以用不同的"点"与"面"组合转换，在形态上产生变化更为丰富的姿态造型动作。头部运动方向的变化，即"点"的方向改变而发生内涵表达的改变，姿态造型动作的情感表达也随之发生变化，在变化中蕴含的情感得到释放，鲜活清新的独特情感魅力得到宣泄，因此当头部运动方向改变，其内涵情感表达也随之发生变化。

（2）手部的运动。手臂形态的变化有无限的可能性，具有非凡的艺术表现力。手臂的一般运动方法都是以大臂与肩部关节连接处和小臂与大臂关节连接处为运动轴心。让大臂带动小臂在圆周上的"点""面"上运动，或者让小臂带动大臂一起在圆周的"点""面"上自由运动。当手臂每移动一个"点"就产生一种形态变化，自然地变形，形成弯曲有致、收放自由、优雅流畅的姿态造型动作，组合成为各种各样的形态线条，丰富了肢体形态变化的表现，让模特自由自在地进行创设，使独特的个性得到充分发挥的空间。手臂在立体三维圆周上的"点"与"面"上运动，可以不断创造新颖的、变化丰富的姿态动作造型，制造强烈的视觉冲击效果。

（3）躯干的运动。在时装表演中人体躯干经常出现这样几种表演特征符号，类似于字母S、C、H、Z的形状，S、C、H、Z是模特表演时的基本躯干特征形态，模特通过S、C、H、Z形态来塑造表现各种时装人物形态。模特在掌握基础人体表演形态变化的基础上拓展身体"变形"的可能性与表现力，随着躯干多种"变形"形态的变化，内心的情感变化也通过躯干的动作显露出来，碰撞出心灵情感的火花，使形体敏锐地感受到内心巨大力量的产生，推动形体形态的持续丰富变化，灵敏地捕捉时装人物的基本形态特征，触类旁通地运用躯干"变形"的表达能力，在设计与变化的统一中塑造鲜活的时装人物形态。

（4）腿部的运动。腿部造型姿态动作多种多样，变化更为丰富。腿部站立造型时，腿部具有支撑和转移身体重心的作用，既可以双腿平均支撑重心，也可以单腿支撑重心。依靠重心的转移与变化，训练腿部多种形态变化的可能性，随着腿部力量的加强和表演心理的日趋成熟，富有变化的姿态造型也随之产生，可以在圆周上单腿重心，脚尖点地或动力腿靠在主力腿上，也可以利用绷脚、半脚尖、平脚、勾脚，前抬后踢小腿，膝关节高低的调节，幅度大小的交错转换等手段来丰富造型样式的变化。模特随身体重心转移，腿部力量支撑也随之转移，造成腿部的各种变化，可以体现身体线条的流畅性、情感的多样性、姿态造型变化的丰富性，全面发挥了形体造型变化中塑造形态的功能。

3. 姿态造型的内在律动

姿态造型动作运动表演的内在动力是起于心、律于腰、行于肩、静于形的，由内而外地进行姿态造型的创设变化，在内在心意的导引下，运用头部、手部、躯干、脚部在圆周上的"点"与"面"之间进行相互契合、相互协调、身心统一地表现出优美灵动的姿态造型动作，作用于"动"与"静"形态之间的高低层次变化上、动态幅度大小的转换上和节奏长短疏密的对比上，形成了浓烈的舞台表演气氛，展示出千姿百态、层次起伏的表演效果。

4. 姿态造型的节奏变化

心理力量是人体运动的动力来源，直接决定了人体各环节运动的节奏。模特在表演姿态动作造型过程中具有丰富的节奏变化，当模特穿上时装进行表演时，情绪处于活跃兴奋的状态之中，并对时装的设计节奏做出直觉的反应，在由内而外的配合下使人体动态起伏迅缓有致，达到神韵兼备的效果。

众所周知，模特的表演呈现了"动"与"静"的空间流程，在连续运动的姿态动作造型中，利用节奏的多变性，即时间间隔的疏与密、动作的快与慢、运动幅度的大与小等，把不同的时装形态体现出来，因此造成了"视觉显著点"，产生强烈的视觉效应。

模特在秀场上的表演与音乐节奏同步进行，没有大起大落的情绪变化，更没有大幅度的姿态动作，模特的表演完全依赖灵活运用节奏，营造姿态造型的细节变化，形成不同角度、不同形态、相互错位配合的姿态造型，充分体现时装的内在气质神韵。在节奏中营造姿态动作造型细节变化是模特的有效表现手段，建立多变独特的姿态以及动作造型节奏能力，展示时装的宽泛性，敏锐感性地体现时装丰富多彩的形态，在更高层面上建立模特独特的表演风格境界。

5. 姿态造型的情绪变化

姿态动作造型不只是外部空间形态，而且有更为丰富的情绪变化，单一姿态造型包括情绪情调的多变性，还包括姿态造型中情绪戏剧性的效果。时装模特在职业生涯中要穿着无数不同风格、不同款式的时装进行时尚展示，需要运用各种典型的表情和姿态动作造型进行高度地概括，捕捉刻画时装独特的形态和内在的特质，运用丰富多变的姿态动作造型，把时装的性格特征、情感意境、内涵思想表达出来，使形体动态造型语言表达具有一种超现实、理想化、非同一般的审美价值。模特需要掌握并适应广告拍摄要求姿态动作造型的情绪情感表达方式，具备镜头前广告拍摄表演的情感情绪快速转换调节能力，把握与适应广告人物情绪情感表达跳跃式、情感变化发展跨度大的特点，出神入化地塑造出广告人物形态。在时尚信息快速传递的今天，时尚前沿的时装模特应该集中全部心智采撷丰富多彩、千变万化的生动形态，有效准确地演绎现代时尚人物的真实情感。时装与广告表演中的情绪情感变化和转换的能力代表模特在专业行业内的表演水准，模特综合表演技能技巧的提高会增加模特向其他领域发展的可能性，模特要充分展现自身表演潜能，为拓展表演领域创造更多的发展机会。

6. 姿态造型的层次变化

当有些时装需要用整体场景效果来烘托表演气氛时，便可有意识地选择和设计表演形式，使用空间途径、层次变化、造型式样等，充分体现时装的形态和情调。例如，时装表演时，在气势恢宏的音乐背景、强烈节奏的烘托下，模特层次分明的"剪影"轮廓映衬在天桥上。

人体形态在光影效应的作用下，神秘的内聚力营造了震撼心灵的舞台表演效果。泳装表演中采用站、蹲、跪、坐、躺等多层次的姿态造型，不仅丰富了运动人体的动态表现，而且丰富了运动人体的心意情态和情景、场景的体现，且有强烈的情感、震撼心灵的视觉冲击力。

圆形既是圆满状态，又是虚无状态，模特在"点"与"面"上的表现取决于模特特定的形象，进行动态的扩张与收缩、冲突与一致、上升与降落、前进与后退，创建模特自信、自如、自由的表演空间，构成多姿多彩、变化丰富的形体语言。当我们认识到这些姿态造型动作象征着某种更为复杂的情感时，就会体现出一种更为深刻的意义。

（三）姿态造型的创设训练

时装模特必须掌握形体与头、手、腰、脊、腿相互之间在"点"与"面"上的设计变化、创意转换、内涵丰富的表达方法，提高模特在多变的方位角度上自由创设姿态造型的表演能力和表达方法的掌握。

1.方位角度

时装模特的姿态造型训练需要掌握在圆周中的"点"与"面"身体各部位方向与角度变化的基础方法，让身体适应360°三位一体方位中形成丰富的不同造型动作，灵活运用形体在不同的方位角度的"点"与"面"，随意自由变换姿态造型，动作的表达方法。

2.头部形态

时装模特的头部角度方向变化的仰视、平视、俯视方位视点训练，让模特掌握改变头部角度而形成丰富的姿态动作造型的表达方法，使头部运动视点方位自然流露出来，因心意的改变自然而然地带动头部方位角度变化。

3.手部形态

手部运动变化最富有想象空间。时装模特的手部形态动作训练（图3-57），手部姿态造型动作在不经意中变换，充满千变万化的各种可能性，在充满诗意韵味的表达中获得更多想象空间。

4.身体形态

时装模特的身体形态训练，让模特掌握身体曲线变形和变化方法，姿态造型动作更富有人体形态线条美的表现力。

5.腿部形态

时装模特的腿部造型动作训练，让模特掌握腿部各种姿态造型动作变化方法，能够适应各种时装轮廓形状的演绎需要。掌握腿部造型的基本表达方法后，可以根据个性表演风格需要，产生富有个性的腿部造型动作表现。

6.整体配合

通过形体各部位的头、手、腰、腿造型动作的方位、角度实践训练，可以让时装模特在基础身形动态造型熟练掌握后，更好地挖掘个性姿态动作造型的表演特征，突出个性表演风格特点，让姿态动作造型更富有个性表演魅力。

（四）姿态造型的层次变化训练

姿态造型层次变化训练能够提高模特形体综合表达能

图3-57　手部形态

图3-58　站立的姿态造型

图3-59　蹲位的姿态造型

力，娴熟掌握各种姿态造型动作方法，在时装表演中能够恰当运用和正常发挥各种层次的姿态造型动作，对时装的文化内涵具有深层次领悟力和全面表达。

1.站立的姿态造型

站立姿态造型（图3-58）是模特重要表演技能，模特要习惯运用形体的头、手、腰、腿在点、面、线中不同角度、不同方位协调配合创意变化丰富的姿态造型动作表达方法。站立的姿态造型适应各种时装的表达和演绎，可以运用各种风格时装进行训练，也可以运用墙面、柱子、凳子等道具进行训练，还可以主题式命名如环境、意境、情绪等，让模特在放飞想象力的感觉意识中，积累丰富变化的站立姿态造型动作，使模特的造型动作创意表达能力得到迅速提高。

2.蹲位的姿态造型

蹲位姿态造型（图3-59）训练模特形体变形与张力的表达能力。受蹲位形态局限的影响，蹲位姿态造型练习一时可能做不到位，但是模特要尽可能地适应特殊形态造型表演潜力挖掘的练习，最大限度地发挥形体变形的表达能力，如可爱的、调皮的、戏剧的、有力量的、碰撞的、夸张的等，掌握形体线条变形的张力及丰富蹲位姿态造型的表达方法。

3.跪位的姿态造型

跪位姿态造型（图3-60）训练模特形体变化的表达能力。跪位姿态造型可能令有些模特姿态造型动作发挥受到影响，可以运用情景、意境、情绪拓宽模特的表达创意思路，让模特投入于情感与情绪表达之中，在情感中自然形成下意识地表达姿态造型的觉悟，掌握各种跪位姿态造型的表达方法。

图3-60 跪位的姿态造型

图3-61 坐位的姿态造型

4.坐位的姿态造型

坐位姿态造型（图3-61）训练模特形体姿态动作的表达能力。由于腿部姿态样式的改变，形成了丰富多彩的坐位姿态造型表达，如泳装、休闲装、运动装等。运用坐位姿态造型进行训练，还可以结合情景交融的氛围，训练模特造型动作创意的表达能力，娴熟地掌握各种坐位姿态造型的变化方法。

5.躺位的姿态造型

躺位姿态造型（图3-62）训练模特形体姿态的表达能力。躺位姿态造型含有更为丰富的想象表达的可能性、人体线条性情的传递、情景意蕴交融的体现、戏剧性情绪的表达等，最大限度地激发人体形态创意潜能，掌握躺位姿态造型的表达方法。

6.层次变化姿态造型

站、蹲、跪、坐、躺的姿态造型多元层次训练，能够让模特在群体的相互默契配合中自由运用各种层次的姿态造型，磨炼模特对各种多元层次姿态造型

图3-62 躺位的姿态造型

创意的表达能力，在放飞遐想中孕育具有个性特色表演风格的姿态造型。随时装的情景、神韵、风范注入多元层次变化丰富的姿态造型，充分诠释时装风格情调，展现时尚舞台卓越的风采。

三、辅助与针对性训练

（一）有氧练习

有氧运动（Aerobic System）也称有氧代谢运动，是指人体在氧气供应充足的条件下进行的有氧代谢活动，有氧运动所需的供能物质分别是糖、脂肪、蛋白质。有氧运动是通过多次反复和连续不断的运动，在一定时间内，以一定的训练强度和一定的速度完成一定的运动量，使心率逐步提高并保持在规定的范围内。有氧运动的特点是负荷强度较低，运动持续时间较长，距离长、节奏强。

有氧运动必须具备三个条件：第一，运动所需的能量，主要通过氧化体内的脂肪或糖等物质来提供。第二，运动时全身大多数的肌肉群（2/3）都参与。第三，运动强度在低至中等之间，持续时间为15～40分钟或更长。

有氧运动的好处：可以让心脏更强壮，充分把充满氧气的血液输送到全身，减少心脏疾病及高血压的发生；可以帮助燃烧体内多余的脂肪，燃烧脂肪需要氧气，可以帮助身体处于"有氧"状态。有氧运动可以增强心血管系统和呼吸系统功能，充分酵解体内的糖分，预防骨质疏松，调节心理和精神状态；有氧运动可以增加活力、舒缓压力、放松心情。

有氧运动的种类很多，比如慢跑、骑车、跳绳、游泳、跳健美操、舞蹈、爬山、球类运动等，或使用一些有氧器械，包括划船机、跑步机、踩原地脚踏车等，选择一种适合自己并有兴趣坚持的运动来进行。为了达到有氧锻炼热身、减脂的效果，所选择的运动一定要能提高心率，如此才能达到有氧运动的功效。

进行有氧运动的时间可依个人体能状况而定，每次应持续30分钟以上。就运动强度而言，中等强度较为适合。从能量代谢的角度上看，中等强度运动可促使人体内的脂肪转变为游离脂肪酸进入血液，作为能源而消耗掉，即使没被消耗的游离脂肪酸也不再合成脂肪。中等强度运动并不增加食欲，可避免运动引起摄入更多能量，从而加剧体内脂肪积存。由于每个人的身体素质不同，可以通过测量运动时脉搏的速度找到适合自己的中等强度运动，一般每10秒钟脉搏速度达到20～25次并保持10分钟以上，可以达到热身的目的；每10秒钟脉搏速度达到25～30次，并且至少保持30分钟以上不间断，感觉应该是呼吸急促，但不是呼吸困难，这基本上是属于中等运动强度。有氧运动前应做准备活动和热身，要活动开关节并慢慢开始，如选择跑步，应先慢跑，再逐渐加快速度。有氧运动后要做整理练习，这部分主要由柔韧练习组成，是人体在有氧运动后的放松活动，有利于锻炼后的身体恢复。

（二）柔韧练习

柔韧练习又称拉伸练习，可以使人体关节的灵活性得到提高，运动幅度得到扩展，提高韧带、肌肉的弹性和伸展能力，使举手投足能更舒展，更有效地展示动态美。柔韧性练习有助于肌纤维向纵向发展，使人体更挺拔、更优美。柔韧练习具有减少运动损伤、避免脂肪堆积、预防和矫正不良体态、防止生理病痛等重要功效。在柔韧练习中，主要以肩、腰、胯、腿四个部位为主。肩部柔韧练习可提高胸锁关节和肩锁关节的柔韧程度，直接影响着胸、背的舒展程度；腰部是躯干支撑的重要部位，充分柔韧练习不仅能预防生理病痛，同时也能提高人的高贵优雅的气质；胯部是躯干与下肢的连接部分，其灵活性对体态的完美起到了决定作用；腿部是支撑身体重量的主要部位，腿部柔韧练习对保持优雅的行走、腿部肌肉线形协调和站立姿态提供最有力的支持。

在有氧运动后，做些适当的伸展性柔韧练习可以达到最好的拉伸效果，增加肌肉的柔软度，并减少运动伤害。柔韧练习的强度以感到拉伸肌肉有些许酸痛感即可，时间控制在5～10分钟，拉伸部位要全面，这样才能使全身心达到放松的效果。静态拉伸时，每个动作需要保持15～30秒钟，同时要求深呼吸，提高人体摄氧量，从而达到放松肌肉的效果。柔韧练习需要持之以恒，这样身体的伸展性会越来越好，柔软度越来越佳。柔韧练习要求练习者将肢体各部位均"绷直""拉长""挺拔"，最大限度地延长肢体原有的线条，才能准确地完成动作。柔韧练习的动作不同，练习的部位不同，但都是以加强肢体的表现能力，提高练习者动、静姿态的美感为宗旨。

柔韧性练习的方法：柔韧练习以静态方式的伸展动作为最佳，这样的方式可以增加身体的延展性。每一个伸展运动都应该持续一段时间，然后放松，深呼吸。注意，在做柔韧练习时尽量不要弹压和突然用力，以免造成运动伤害。柔韧训练可以借助一定高度的物体（如把杆、椅子、墙面等），或徒手进行练习，主要以压、倾、曲、摆等动作为主。

1.肩部柔韧练习（图3-63）

（1）正压肩：双脚开立同肩宽，上体前俯，沉肩，双手握把杠（或扶墙），练习时肩部向下做压振动作。

（2）支臂拉肩：盘腿坐立，背挺直。双手交叉相握在胸前，手心翻转向前，并前伸手臂，身体保持不动，充分伸展后双手由前向上，再向后用力，充分伸展肩部。此练习也可站立进行。

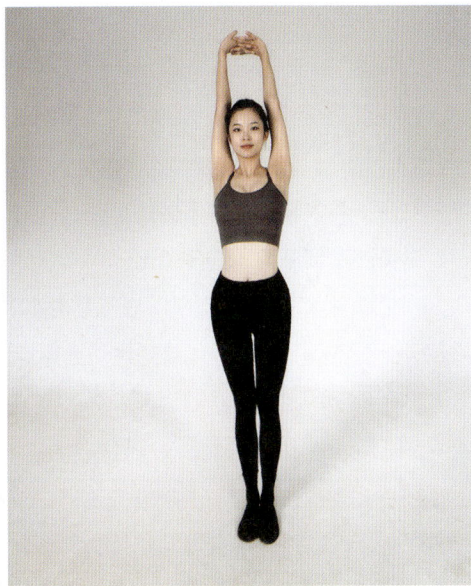

（a）正压肩　　　　　　　　　　　　　　（b）支臂拉肩

图3-63　肩部柔韧练习

2.腰部柔韧练习（图3-64）

（a）仰压　　　　　　　　　　　　　　（b）侧压

图3-64　腰部柔韧练习

（1）俯压腰：双腿伸直，双脚绷脚面。双手握把杆，上体上抬、抬头、塌腰。练习时也可由他人帮助向下按压腰部，同时压肩。

（2）仰压：双脚开立同肩宽，一手握把杆，一手上举，上体后仰。

（3）侧压：双脚开立同肩宽，双手交握或握绳向上伸直手臂，大臂内侧贴近耳部，身体侧压，要求髋关节以下保持不动。

3.胯部柔韧练习（图3-65）

（1）盘坐体前屈：盘坐，双手扶住踝关节。上体慢慢前屈，当屈至最大限度时，停5秒钟，还原。要求上体前屈时，尽量保持挺胸、立背姿势，腹部尽量贴近地面。重复练习8~12次。

（2）仰卧开胯：仰卧，双腿并拢伸直，绷脚面，双臂置于体侧，手掌平伸。左腿收腿屈立，接着左腿外翻90°贴近地面，停5秒钟，回到屈腿位置，再还原为预备姿势。重复8~12次，然后换右腿练习。

（3）推背开胯：练习者坐姿，双腿屈膝外展尽量贴近地面，脚心相对，双手握住踝关节，上体前伏，胸、腹尽量贴近地面。协助者站在练习者的身后，双手放在练习者肩背位置向下压，一拍一动，重复练习20次。压至最大限度时，控制10~15秒。

（4）仰卧压膝：练习者仰卧，双腿侧开，足心相对。协助者在练习者脚前，双手轻轻按住练习者的膝部，向下按练习者的双膝关节，一拍一动，重复练习20次。压至最大限度时，控制10~15秒。要求练习者髋关节放松，双腿尽量侧展，协助者用力要适度。

（a）盘坐体前屈　　　　　　　　　　（b）仰卧开胯

图3-65　胯部柔韧练习

4.腿部柔韧练习（图3-66）

（1）前压腿：单手扶把，拉伸腿脚跟置于把杆上，绷脚尖，同侧手上举。练习时上体前压，腹部尽量贴近大腿，上举手尽量触及脚尖。

（2）侧压腿：身体侧对把杆，一手扶把，拉伸腿侧展，脚跟置于把杆上，绷脚尖，另一手上举，练习时上体侧倒，向把杆上腿的内侧屈压，上举手触及脚尖。

（a）前压腿　　　　　　　　　　　　　　　（b）侧压腿

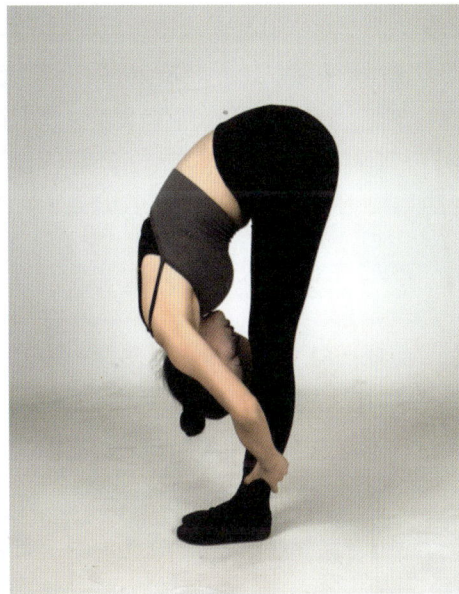

（c）后压腿　　　　　　　　　　　　　　　（d）下前腰抱腿

图3-66　腿部柔韧练习

（3）后压腿：单手扶把，拉伸腿后举脚背放在把杆上，同侧手上举，练习时上体尽量后屈，以头去贴近后侧腿。

（4）下前腰抱腿：上体下前腰，胸部及腹部贴近大腿，双臂尽力抱住双腿。

第二节 台步训练

　　服装表演基础训练如同其他表演艺术所具有的基本功训练一样，需要模特掌握要领并按照规范动作反复练习，由生疏到熟练，由简单到复杂，最终能用娴熟的展示技巧来充分地展示服装。服装表演基础训练包括：站立姿态、表演步伐、定位、转身、上下场、面部表情、节奏感训练等多方面的内容。

一、一字走步训练

　　一字走步训练是基本表演步伐的训练，分为初级和高级两个阶段。

（一）初级训练法

　　模特刚开始练习步伐时，不要急于穿着高跟鞋盲目地走"一字步"［图3-67（a）］，而是要从穿软底鞋开始进行辅助练习。具体训练方法是：双手叉腰，以一条腿为重心腿，另一条腿向前迈步。注意，首先提驱动腿的胯部，带动大腿，提膝，再带动小腿，脚尖向前用力，绷脚，脚落地同时，顶驱动腿的胯部，摆胯，脚落地踩实后，迈另一条腿。此训练主要是引导模特按照标准的姿势和动作代替在生活中形成的习惯走法，区别模特步伐与平常走路的概念，并重新掌握平衡的规律，为穿上高跟鞋后走台步打下基础。

（二）高级训练法

　　高级训练法即女模特穿高跟鞋进行"一字步""交叉步"练习，男模特进行"平行步"练习［图3-67（b）］。

　　1."一字步"练习

　　走"一字步"练习，动作要领同初级训练法，还应注意的是两脚跟踩在一条直线上，脚尖稍稍向外打开。除了掌握脚下动作外，还要注意身体其他部位的配合，头立住，双眼平视，双肩保持平稳，两手臂在身体两侧自然摆动，面带微笑。

　　由于生活中已养成了行走的习惯，所以初学的模特穿上高跟鞋后一般会出现如下问题：

　　（1）双脚尖呈"内八字"状或两脚不在一条线上。

　　（2）膝盖伸不直，像跪着一样。

　　（3）肢体过于僵硬或松弛，表现为不会摆臂和动胯，或者是随意摆臂。

<table>
<tr><td>（a）"一字步"</td><td>（b）"平行步"</td></tr>
</table>

图3-67　基本表演步伐练习

（4）重心不稳，走路时身体摆动大。

（5）面部没有表情。

完美的服装表演步态看起来应是紧而不僵、松而不懈。改变以上习惯要靠在大镜子前面反复练习，用心体会动作的感觉和要领，之后在舞台上才能自如展现。

2."平行步"练习

"平行步"是男模特表演时的主要步态，在行走时，两脚呈平行线状前行。因为男女模特在走台步时有一定的差异，女性模特通过"一字步"和"交叉步"体现身体的韵律感、曲线美，而男性模特要展示刚劲沉稳的感觉，所以用"平行步"能更好地控制身体的整体节奏，凸显阳刚之气。

以上几种行走步伐男女模特都能够在舞台上运用，"一字步"也并非女模特的专利，在特定的表演情景中，男模也能够使用，但注意一定要符合服装表演的形式和风格。采用每种步伐时身体都要保持挺拔、舒展，随着音乐的节奏而迈步，并根据不同的服装而配合不同的表情。总之，模特的步伐训练不是一日之功，要刻苦练习，并注重与现代流行趋势结合，才能更好地展现服装。

二、特殊步态训练

特殊步态不是常规的表演方式，它是根据服装表演的主题、表演风格、服装设计师或编导的要求，甚至是舞台的台型、台面等的不同而表现出来的一种特别的表演步伐。特殊步态的出现实际上也是服装表演形式快速发展的一种体现，普通的表演步伐不能满足现今观众的审美需求，所以，服装模特还应掌握以下几种特殊步态。

（一）光脚行走

光脚行走即模特不穿鞋在舞台上展示，由于光着脚，所以整个脚底完全着地，所呈现的脚型就不是很美观。模特应注意脚下不要太用力，重心适当上移，可以绷着脚，直行时两脚在一条直线上。光脚行走除了可以运用在泳装展示中，还可以在特定的舞台场景中表现幽静飘逸的感觉。

（二）踮脚行走

踮脚行走在光脚行走的基础上增加了难度，是整个身体靠脚掌的力量来支撑，脚跟抬起的一种行走方式，这部分训练最能体现模特脚下的基本功。虽然踮脚行走在舞台表演中并不常用，但如果是在模特比赛中要求在泳装展示时光脚行走，就可以运用这种方法，因为抬起脚后跟可以增加腿部线条的美感，就如同穿上高跟鞋后的状态。需要注意重心要稳，切忌走路时身体上下起伏。

（三）跑跳步

跑跳步是在穿着具有活力的服装时运用的一种步伐，在演出开场时运用跑跳步，能够掀起整个演出的气氛，使观众很快进入到表演的氛围中。因为穿着活力服装一般搭配运动鞋，所以步伐可以不拘泥于"一字步"走法，甚至可走平行步，脚跟略踮起，看起来有弹性，步幅比一字步稍大，手臂、胯部动作都可以不那么程序化，越轻松自然越好。

（四）上下台阶

在台阶上行走，这是在表演中经常遇到的，模特要想在上下台阶时表现自如，还要通过练习来掌握要领。当上台阶时，重心腿应站稳，驱动腿抬起，并注意整个身体重心上提，轻落脚，然后再抬起另一条腿做同样动作，眼睛要始终目视前方，用余光注意脚下，节奏和平时走台时一样。下台阶时也同样要提气收腹，脚落台阶时轻放，不要发出"咣咣"的声音，防止上下幅度过于明显。由于下台阶时往往是面向观众，所以尤其要注意表情。而上台阶时虽然背对着观众，也不能放松身体，更不能低头，还应保持自然优美的姿态，完成之后其他的动作。

（五）高抬腿式

高抬腿式的走法如果是模特习惯的走台方法，那么可以视为不规范的台步；但如果作为一种强化和夸张，则是体现模特表演步态的另一种表现方式。它是强调腿部和脚部的展示方法，裤装和鞋子的发布会若采用这种走法，会大大增加观众对模特下半身服装展示的可视度。

三、提胯划圈起步训练

在练习表演步伐之前，还应掌握其辅助动作的要领，这些辅助动作是模特在行走时，除了脚下，身体其他部位的细节动作。表演步伐的辅助动作包括胯部的练习和手臂的摆动练习。

胯部动作的训练在表演基础训练中起着至关重要的作用，模特前行时，靠胯部的灵活动作才能更加体现女性的身姿美，使身体更富有动感。按照胯部运动的方位不同，把胯部练习分为提胯、顶胯、摆胯、绕胯四部分。四种胯部训练方式都是以基本站立或分腿站立姿态、双手叉腰做准备。

（一）提胯

以左腿为重心腿，抬起右脚跟，同时右胯向上方提起、放下；反方向以右腿为重心腿，抬起左脚跟，同时左胯向上方提起、放下，左右交替重复练习。

（二）顶胯

左腿伸直，屈右膝，同时向身体正前方顶右胯；右腿伸直，屈左膝，同时向身体正前方顶左胯，左右交替重复练习。顶胯的动作幅度较小，看起来不是很明显，但如果用手抵住自己的胯部，就能够感受得到。

（三）摆胯

左腿伸直，屈右膝，同时向身体正左方摆胯；右腿伸直，屈左膝，同时向身体正右方摆胯，左右交替重复练习。

（四）绕胯

左腿伸直，微抬右脚跟，提右胯，然后向身体正前方顶出右胯，再向正右方摆胯经后方绕回到提胯，放下；反方向同理，左右交替重复练习。绕胯是把前三种胯部动作结合，比其他动作要复杂。

四、着鞋适应训练

在模特台步基础训练中，初学者要准备必要的用品。首先，模特要准备一双软底鞋和一双至少高度为10厘米的高跟鞋（图3-68）。高跟鞋的鞋底不要太厚，鞋跟不宜太粗。在掌握一定的基本功后，方可穿着其他不同款式的高跟鞋。其次，尽量穿紧身的形体衣，以免训练时看不清楚身体局部的动作细节。再次，训练场所要配有一面大镜子，以便模特随时看清楚自己的走台效果。当然，这都是针对基础训练所提出的要求，随着表演技巧的提高可随时调整，适当变化服装和鞋，方能更好地塑造不同形象和不同风格。

（a）软底鞋   （b）高跟鞋

图3-68　服装表演训练鞋

五、台风塑造训练

（一）模特的个性表演风格特征

时装模特个性表演风格训练需要模特彻底敞开心扉，释放自己，自由表达心灵最原始本色的情绪，真正发现自己内心情绪和感觉的走向，相信自己的感觉，自信地充分展现个性及气质美，这样的表达是真实可信的、真正有感而发的、形成个性气场能量的表演。同时把个性表演风格融入不同创意的时装风格中去，开发挖掘展示时装的可塑造能力，充分演绎不同风格特征的时装角色。表演风格大体分为冷型、热型、酷型、温婉型、清新型、中性型、力量型、优雅型等。

1.冷型表演风格

冷型表演风格的模特有冷傲、冷峻、冷静、冷酷、冷郁等个性情绪特征。冷型表演风格以高贵傲气为核心内涵，在高贵的基础上体现出典雅、俊俏、洒脱的宽泛性表演特点，表演内强外静，具有很强的内在气质的张力，将内心深处的高贵充分体现出来，姿态造型大方流畅、舒展而轮廓分明，散发出的气场能量完全能把控住舞台表演氛围，始终吸引着观众的眼球。冷型表演风格的模特特征明显突出且富有表现力（图3-69）。

（a）模特1　　　　　　　　　　　　（b）模特2

图3-69 冷型表演风格

2.热型表演风格

热型表演风格的模特有活力与激情、活泼与甜美、热情与奔放等个性情绪特征。热型表演风格是以热烈活泼为核心内涵的，充分体现出气质内涵情绪的扩张感，表演状态经常处于高度兴奋与激情之中，表现的姿态造型自然活泼、动感十足，具有强烈的感染力。热型表演风格的模特个性特征具有亲和力、吸引力及观众缘。

3.酷型表演风格

酷型表演风格的训练是一次心灵旅程的经历。酷型表演风格的模特内心复杂，冷漠看世界，无所畏惧，思维方式特立独行，具有我行我素的个性特点。酷型表演风格是以逆潮流而动、自成风尚作派为核心内涵的，体现出酷型气质内涵表达的另类风尚，无声地挑战旧风俗、旧观念，以特别的全新时尚形象示人，张扬的个性和对世俗的不羁常引起更多人和社会的关注。酷型表演风格表现的姿态造型以随意、松弛、自由的个性心态为主线，复杂的心理体现出无形中的有形，酷型表演风格具有最典型的个性表演特征（图3-70）。

（a）模特1 　　　　　　　　　　　　（b）模特2

图3-70 酷型表演风格

4.温婉型表演风格

温婉型表演风格的模特有婉约、矜持、柔顺、娴静、含蓄、亲切等个性情绪特征。温婉型表演风格是以端庄秀美为核心内涵的，充分体现出温婉气质内涵表达的清丽柔美的自然渗透力，表演状态始终处于婉丽淡定之中，表现出的姿态造型优美舒展、内涵丰富，由内而外传达出的韵味让人过目不忘。温婉型模特的个性表演风格特征的神采风韵始终如一，情绪稳定，回味无穷。

5.清新型表演风格

清新型表演风格的模特有清纯、单纯、纯真、纯净、纯洁、和顺等个性情绪特征。清新型表演风格是以纯净自然、无任何杂念、内心充满阳光、享受世界美好为核心内涵。充分体现出清新气质内涵表达的清纯脱俗、毫无雕饰、眼神清澈纯真的表现力，心灵表演状态始终处于本色、自由、自然之中，演绎出的姿态造型顺其自然，不加修饰，就像一阵清风吹来。清新型表演风格模特的清纯可人形象可以给人们留下深刻难忘的印象（图3-71）。

图3-71 清新型表演风格

6. 中性型表演风格

中性型表演风格在时尚圈持续流行着。性别边界模糊的中性时装，颠覆了传统的男性阳刚威猛、女性贤淑温柔的形象。时装中性化的确已经成为一种世界范围的文化现象，人性化的开放观念越来越适合现代社会的多元需求，模特界中性流行风逐渐被大众所接受。男模特中性型表演风格有温暖又性感、柔情又纯粹、优雅又浪漫、柔美又深沉、诙谐又纯情等个性情绪特征。女模特中性型时装表演风格有可爱又帅气、妩媚又阳刚、性感又豪爽、甜美又洒脱、俏皮又贤淑等个性情绪特征。他们都是以精致的生活品质、不凡的生活品位以及追求时尚生活方式为核心内涵，心灵表演状态始终处于自信、率性中的随意和性感中的浪漫气息之中，体现冷静、敏锐、超脱的自我，拥有不一般的时尚格调。中性时尚风无处不在，浑然天成的各种元素混搭演绎出摩登活力感，展现了强烈的中性华丽风采和现代都市情调，增添了时尚舞台新的元素，产生了一种全新的演绎感觉，融入了新的生命活力（图3-72）。

（a）模特1　　　　　　　　　　　　　　　（b）模特2

图3-72　中性型表演风格

7. 力量型表演风格

力量型表演风格的模特内心坚定强大、深沉稳定、沉着稳健。模特时常要提炼生活中经典的情趣情调，为展示时装增加生动情趣，避免单调无趣味的表演。身有型、心有

量是男模特走上时尚表演舞台的基础条件，也是模特时装展示的一种常态。男模特应在
成熟稳定表演心理力量的导引下使自己的表演风格特点更为丰富多彩。男模特力量型表
演风格主要有沉稳中的幽默、深沉中的俏皮、诙谐中的淡定、性感中的强悍、优雅中的
不羁、高贵中带有中性等个性表演特征。这些特征使男模特的表演气质更有吸引力，轮
廓形态塑造更有型。男模特深沉稳重的气场是以人生经历、阅历为核心内涵的，风情万
种且带有硬汉的个性表演特征更受消费者的青睐。男模特在台前造型幽默的一个眼神表
达，充分印证模特的表演技能成熟稳定，完全有能力即时掌控自己表演节奏与动态，这
种时尚偶像性的表达容易引起消费者的关注，继而受到追捧。为此，男模特要持续不断
地修炼自身的内在气质、气场和力量表演的爆发力，不断提升对时装内涵的自然、生
动、有情有趣的表演能力，把时装人物角色的塑造表演到极致，建立独特的个性风格与
艺术表演魅力（图3-73）。

8.优雅型表演风格

优雅型表演风格不是定义某个特定类型模特个性气质，而是泛指模特着装展示形成
优雅的气质感觉。优雅型表演风格的模特有着各种各样的气质类型，如高贵的优雅、洒
脱的优雅、干练的优雅、浪漫的优雅、精致的优雅、内敛的优雅、豪放的优雅、冷峻的
优雅、温婉的优雅、性感的优雅等，只要有足够的文化和艺术修养为核心内涵，任何个
性气质类型都可以成为优雅型表演风格的模特。优雅型表演风格模特的一举一动都能营
造出舒畅、清新、温润的氛围，让人难忘那份优雅的神韵（图3-74）。

图3-73　力量型表演风格

图3-74　优雅型表演风格

（二）模特表演的可塑性特征

模特的个性表演特征不是单一的，个性表演可塑性的潜力远远超出预料，因此，更为重要的是开发模特的表演潜能，挖掘多元的可塑性表演能力。模特随着表演技能技巧的成熟、文化艺术修养的提升以及时尚环境潜移默化的熏陶，了解的时装风格表演范围越来越大，要成为一名优秀模特，就要全面完美地演绎各种时装风格细节。可塑性表演能力是评判模特优劣的一个基本标准。在时装表演中，我们看到很多这样的模特，他们是冷峻的，又是活泼的；是豪放的，又是优雅的；是性感的，又是内敛的；是沉稳的，又是热烈的；他们本身就好像是一个"裂变体"，或是同时地"裂变"着，或者即时地"裂变"着，塑造出不同的时装人物形象，模特的潜在表演能力得到全面地展示。可塑性表演能力是模特职业生涯中必须掌握的表演技能。通过可塑性表演能力的训练，使模特的表演技能日趋成熟，多元表演方向更加清晰。可塑性表演意识的把控能力在实践中不断得到完善，使模特在各种时装秀场中，能够即时捕捉刻画每套时装独特的形象、形态和内在气质特点，把时装的风格、穿着情景、人物特征、面料质地的不同恰如其分地诠释出来，使模特的时装表演技能得到不断的完善和提高。

（a）前摆臂

六、行走中的手臂摆动

手臂的练习方式较为简单，只需练习手臂如何摆动，但手臂摆动是否到位、协调、美观，却能给整个表演带来不同的视觉效果，可以说手臂是极具表现力的部位。准备姿势为基本站立姿态，两手臂在身体两侧自然弯曲。具体分为以下几种摆臂方法（图3-75）。

1.大臂带动小臂

肩膀保持不动，由大臂带动小臂并带动手腕，再带动手在身体的前后摆动，手臂在身体前后摆动的幅度基本相等或前摆大于后摆。需要强调的是，在服装表演中，手部虽然具有一定的表现力，但不能像在舞蹈中的那么丰富，手腕也不能过于灵活，此时手臂的摆动是手随着手腕的方向动，手腕随着小臂动，手腕

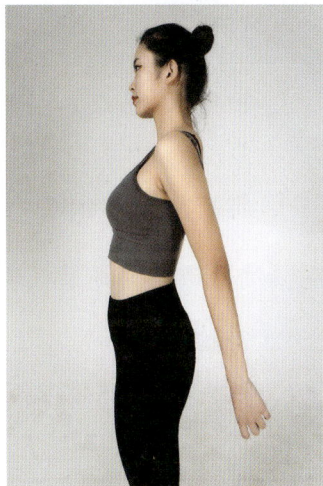

（b）后摆臂

图3-75 行走中的摆臂

不能脱离臂部而随意摆动。另外，手是擦着身体侧面的裤缝摆动的，摆动时大臂与身体侧面的夹角约为30°，大臂与小臂之间的角度约为160°。

2.只摆小臂

只摆动小臂是近几年流行的摆臂方式，肩膀展开，大臂贴近身体两侧，整个手臂垂在身体的后方，肩膀和大臂动作幅度较小，以肘关节带动小臂，主要以小臂摆动为主。

3.内、外侧摆臂

这种摆臂方法是改变手臂前后摆动的走向，内侧摆臂是向身体斜前内侧摆臂，两手臂呈"内八字"形；外侧摆臂是向身体斜前外侧摆臂，两手臂呈"外八字"形。

4.不摆臂

双肩展开，把手臂垂在身体两侧，并向身体后侧用力，手臂随着脚下的步伐，不摆动，只是放在身体旁，此时对于步伐和神态有一定的要求。在概念类服装的展示中，或是服装设计师有一定要求时可以运用此种方法。模特顺着所穿着的服装把手臂垂在身体两侧。不摆臂的训练没有动作上的要求，但对肩部、手臂的姿态有一定的要求，不能过于松弛，也不能太僵硬。

在掌握了胯部和手臂的练习动作之后，可把胯部和手臂动作结合起来训练，再配合音乐有节奏地进行。例如，摆胯时可以加上摆臂。表演步伐的辅助动作练习中，胯部训练主要是针对女模特来说的，练习胯关节的灵活性对于提高表演步伐的协调性有辅助作用。还需要强调的是，在做胯部练习时，要注意身体的用力点和协调性，手臂要根据服装的风格和衣袖的特点有选择地摆动。

七、行走中的身体要求

时装表演台步是时装模特最基本的形体动态表演语言，是时装模特最基本的表演技能，也是走向时尚舞台表演成功的基础。时装通过模特台步的表演形式才得以展示。时装模特要扎实、稳定、熟练地掌握这一表演技能，做一名T台上步态潇洒、形态优美、线条流畅、气质高雅、具有个性风格特质和表演技能全面的时装模特。

（一）台步训练要求

1.台步的启动

时装模特在台步启动之前进行造型亮相时，形体必须挺拔向上、自然放松，静心投入表演状态之中，运用气息瞬间的呼与吸启动腿部的迈出，从容地迈出步态预示着身心合一表演的开始。模特从造型亮相、启动走台步再到造型亮相的整个过程，模特必须熟练掌握气息的呼与吸迈步过程，因为这不是简单的迈步，这一呼一吸短暂过程是时装模特个体内在表演气场能量张力在瞬间体现的过程，是成为吸引观众眼球并在瞬间做出审美选择的过程。在观众心里已经有了一杆评判的秤，其中包括模特气质风采、表演状态、个性风格特点、个性气质气场、形体动作姿态、音乐感觉节奏、时装风格特征等。

2.气息练习

伴随着音乐，反复练习造型亮相与台步的连接再至造型亮相，直到气息能够不留痕迹、不露声色地融入造型与台步之中，并熟练掌握为止。

3.台步的重心

人体形体中腰脊椎是上下身连接的中心枢纽，既起着控制稳定上身自然挺拔松弛的表演状态的作用，又指挥着双腿的重心移动及灵活运动。中腰脊椎是人体上下身体运动的中心支撑点，中腰脊椎力量的强弱影响形体线条的伸展、腿部重心的转移、腿部力量的发挥以及时装台步的流畅优美（图3-76）。

4.腰脊练习

腰脊直立、挺拔、舒展，造型与台步练习强调脊椎支撑点的正确运动，需要加强体会与反复练习。

图3-76 重心水平前移

5.台步眼神与表情

眼神是心灵情感情绪的直接反映，一切所思所想在眼神里展露无遗。为了使眼神更具魅力，模特需要掌握最基本的眼神表达方式。眼神平视往前看，虚实眼神与观众进行有亲和力的交流，掌握时装表演基本眼神，如凝视、近视、远视、扫视、点视、茫视等在台步中的运用，眼神表达要充分体现模特个性内涵情感，尽情表达内心情感与力量，不能让眼神游离、飘忽不定、空洞无神，缺乏自信的眼神与表情影响模特的表演状态。模特通过内心体验真情实感地把个性本色特质展现出来，使与众不同的个性特色眼神情感更具表达力和吸引力。

在台步中运用凝视、近视、远视、扫视、点视、茫视，同时强调眼神内涵力量的表达，表情情感自然流露以及个性特点的体现。

（二）男模特台步形态训练要求

台步是模特必须掌握的基本表演技能。男模特的台步训练需要内外兼修，从体型上要与国际时尚要求接轨，既能把控好体型的基本标准，又能根据时尚变化适时调整肌肉大小形状，获得更多时装展示的机会。在综合表演素质上加强国际性视野的表演风范，在彰显个性表演风格的同时，多元体现时装风格的表达力，这样才能走得更远。

男模特的台步形体表演状态挺拔向上，中腰脊椎上提，气落丹田，收腹提臀又提胯，掌握中腰脊椎在运动时重心支撑契合点的和谐运用，有意识控制稳定形体线条舒展有力，具有气质气场的张力。特别要强调男模特上身挺拔中的自然松弛、沉稳又淡定的自由表演状态，随心意多角度地自由发挥感悟，彰显模特个性风格特征，使形体的内在力量在更高意识感悟中得到释放。

（三）女模特台步形态训练要求

台步是模特展示时装最直接的手段，也是模特必须掌握的基本表演技能。女模特的台步训练注重从内涵风韵上、表演动态线条上，提炼独特的个性表演风格特点。开拓模特的国际性表演视野，为走向国际时尚舞台练就扎实的基本功，在彰显个性表演风格的同时，把时装风格充分地体现出来，为模特的持续发展打下扎实的时装表演技能基础。

第三节　肢体平衡与舞台走线训练

模特的表演需要肢体的平衡，这样观众看起来才会感觉到美。身体平衡的训练需要全身各部位的配合，通过核心力量的控制，身体保持平稳，使模特的基本功发挥到极致，不仅能得到稳重的台风，身体也能控制自如，摆出理想的镜前造型。

一、肢体平衡训练

1.重心转移训练

双脚分开与臀部同宽，将左脚稍稍抬起，仅用右脚保持平衡，坚持30秒后交换左右脚。

2.抬腿训练

仅用右腿保持平衡，抬起左腿并在膝盖处向后弯曲，保持30秒，然后再换另一条腿（图3-77）。

3.单脚站立肩膀推举训练

双脚分开与臀部同宽，左手向上将哑铃推向天花板，同时将右脚抬离地面，并向后弯曲膝盖，保持姿势30秒，变换右手握哑铃，左腿平衡。

（a）右抬腿　　　　　　　　　　　（b）左抬腿

图3-77　肢体平衡训练

4.举哑铃抬腿训练

双脚分开与臀部同宽，将重心转移到左脚上，同时将右脚抬离地面，从膝盖向前弯曲腿部，左手抬起哑铃再放下，连续进行十组训练，然后换右手和右脚。

5.平衡线训练

在地面找一条直线，从一端走到另一端，用双臂维持平衡。

二、舞台走线训练

时装风格展示演绎能力及可塑性表演技能等综合表演素质。时装模特的舞台表演行走线路就是训练模特全面塑造展示时装的过程，通过这一重要环节的训练，让模特感知自身对舞台展演效果的掌控能力，包括对时装内涵的理解、形态的即时捕捉、方位与距离的控制、默契与协调的配合等，使模特的表演技能日趋成熟，展现出更为丰富多彩的时装人物形象。

（一）舞台表演线路训练要求

1.舞台表演的控制感

舞台表演的控制感是模特表演心理素质成熟的标志。一名新手模特的表演心理成长是有变化的，模特需要时刻培养磨炼专业的职业习惯，全身心投入排练或表演中，以便更好地掌控表演心理活动对舞台表演的影响。尽可能创造实践机会让模特在时装表演的各个环节磨炼并提升表演心理素质，做到在任何表演环节、任何表演环境都能尽快稳定、控制自己的心理情绪，不要让其他因素分散注意力而影响表演技能的正常发挥，集中全部意识展现完整的表演状态。另外，表演心理素质的磨炼可以通过想象来完成，经常性想象自己置身于大舞台的表演空间中，假设T台周围都有观摩的观众注视自己，有缤纷的灯光、热情强烈的节奏，模特自信地把每一个表演线路完整表达，长此以往日积月累，早已习惯有观众与舞台空间的整体感觉，到了真实的表演舞台上，心里就不会有顾虑、紧张、慌乱的感觉，能够自觉控制自身的表演状态，淡定自如地完成时装表演各个环节的展示程序。这样提前培养新手模特的表演心理素质，缩短了实际锻炼的时间，更快达到职业模特所需的要求。

2. 舞台表演的视野感

时装模特没有舞台视野感的表演是没有生命力的。视野感看不见摸不着，来无影去无踪，让人摸不着头脑。我们经常说眼睛是心灵的窗户，这扇窗户让我们看到了有的模特视野宽广，内涵底蕴丰富，体现出模特文化内涵的深度和艺术修养的厚度。一双深不可测、蕴含着巨大能量的美丽眼睛，内心的情意与生命的激情融汇成气质、气韵、气度，在时尚舞台上绽放心灵无限的能量，成为人们难以忘怀的一道深刻的时尚印记。模特的表演视野感是永无止境的修炼功课，只有努力地不断进取，才能彰显模特的艺术表演魅力，在时尚舞台上永葆青春活力。

3. 舞台表演的方位感

舞台表演方位感是模特的舞台表演技能。首先，舞台表演的方位要以展示时装款式特点、模特优美形态与时装展示的紧密结合、在舞台上找到时装造型亮相的最佳方位为目的，全面演绎时装的设计特点。其次，模特要娴熟掌握T台造型亮相常规的分布点，有利于模特更快地适应T台或其他形状舞台上的方位感觉。T台的底、中、前中心点是常规的造型亮相方位点，T台的前左、右边角也是模特经常亮相的位置，前、后、左、右、边线是模特展示时装的重点方位，模特要找准自身形态展示方位与舞台方位进行配合，充分展现时装的轮廓形状。再次，不同的舞台有不同的展示方位感觉，模特要善于利用不同舞台的位置、角度、方位，把时装的最佳角度呈现给观众。舞台的形状、大小也影响模特表演的方位感觉，模特需要迅速适应各种舞台的形状与大小，熟悉舞台大小形状、与观众交流的合适距离及方位，把时装造型轮廓的设计重点展示给观众，设计重点有可能在时装的正、侧、背面，模特要用相宜的姿态造型、合适的方位展示时装造型的美感，达到无与伦比的舞台展示效果。

4. 舞台表演的距离感

模特要善于控制、调节相互之间的表演距离。模特的舞台表演距离感直接影响时装表演的整体效果，模特时装表演走台线路应该在井然有序中进行，相互之间的间距控制恰当又流畅，留给观众自然的印象，没有刻意要求的痕迹。所以模特要善于调节模特与模特之间的舞台表演线路间距，熟练掌握表演线路上模特相互之间的距离感。时装表演因每位模特跨出的步伐大小不一，容易造成模特表演间距有松有紧的无序状态，模特要灵活机动地适时调整表演间距。时装表演经常会展示16套以上的时装系列，依据表演舞台的不同，表演线路无论简洁还是复杂，模特之间需要预留一定的表演空间，有严格的区域意识，模特之间太远或太近都会影响表演的整体效果，掌握适时调节、控制、配合的表演间距，能够有效提高时装模特的整体表演效果。

5. 舞台表演的默契感

时装表演各个环节的默契配合是成功的有力保证（图3-78）。时装表演涉及舞台、灯光、音响、背景、时装，需要模特与后台的辅助工作人员的默契配合，才得以有效完成，其中尤为重要的是时装模特在T台上默契配合的表演。首先，模特要迅速体验时装内涵情感，理解作品设计思想，即时捕捉用怎么样的步伐和表情最为妥帖，把时装整体效果充分体现出来。其次，配合默契还需体现在整体舞台表演效果上，模特之间的走台线路相互配合、台前造型亮相时间长短的默契配合、两人及以上一起走台的连续性与流畅性的默契配合、舞台上调换表演位置时间差的控制配合、流动不间断行走的间距控制以及川流不息表演线路形态都需要模特相互之间的默契配合，才能达到预期表演效果。表演默契配合既能体现模特的基本职业素质，又能体现模特的表演技能，台前台后相互配合默契是时装表演专业人员必备的素质，也是时装表演成功的保障。

6. 舞台表演程序的记忆力

记忆力是时装模特深入表演艺术、表演技能成熟的基础。时装表演展示活动是季节性的、即时性的，不像其他表演艺术可以有充分时间反复排练和修改，时装表演基本上当天排练当天演出，甚至更为紧凑，试衣、排练、化妆、灯光、音乐、背景等艺术环节可能压缩在三四个小时，之后就要正式演出，当发现问题时没有时间修改也没有重复展示的机会。模特的表演也是如此，一场时装展示秀，模特表演的影像资料一次成型，模特如在舞台上表演有不尽如人意的地方，没有时间纠正，成为永久的记录。为了在舞台上少留遗憾，模特要在时装展示活动的

图3-78 舞台表演的默契感

各个环节增强记忆,养成职业习惯性的即时记忆。

首先,在试衣时要迅速调动全部心智理解作品设计思想、体验作品气质内涵、把握时装人物情感与形态的正确演绎。其次,表演线路,走台线路要记清楚,不能马虎随便,队形的变化体现着时装表演形式,如有人出现差错,就会造成表演形式的不完整,展示效果不尽如人意,留下遗憾。最后,模特在展示前要调整表演状态,进行各个环节时装展示过程的记忆性复习,包括所展示时装作品的台步形态、表演线路、与其他模特的相互配合,时装风格的特定动作造型、表情、气质的运用,与音乐形象符号的配合,表演情绪的适度与舞台氛围的把控。把时装展示各个环节连接成为一条纽带,模特通过记忆、复习、再认知的消化提升表演效果,这一表演记忆的最佳方式要得以强化,以此获得更好的表演效果。时装模特的走台线路训练可以培养模特在舞台上确立立体表演空间概念以及舞台整体配合感觉,在较短时间内能迅速掌控时装展示过程中各个环节的表演任务,敏锐灵活地运用表演技能、技巧,形成正确表演习惯,也是模特进行时装表演实践的重要保证。

(二)舞台表演线路训练

1.时装表演台型

时装表演舞台有T、I、S、O、Y、U、X、Z等台型。T、I台型大都用于各种流行趋势发布、品牌发布等专业性的时装表演(图3-79)。模特大赛常会用大型I字台或大型T台,这样的台型有利于其他艺术表演形式与模特的时装表演恰当结合创新,制造艺术表演氛围和效果。为此,模特要娴熟掌握T台、I字台和大型T台三种最常用的表演台型的走台方法,把艺术表演效果充分地展现出来。

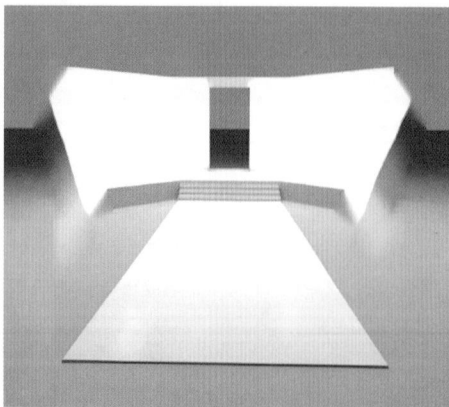
(a)T型台

(b)I型台

图3-79　时装表演台型

2.模特走台路线符号标注

模特走台路线符号标注如图3-80所示。

3.各种走台线路训练

直线走台是时装模特最基本的走台技巧，也是时装表演最常用的表演形式。不管走"边线"还是走"中线"，模特走台线路一定要走得直而稳，流畅有力，不可以有半点歪扭，T型直线走台可以在台前造型亮相，也可以不造型直接走回，但要注意走回时半弧形的自然留头和眼神的留神表达，不要眼睛盯着前面一个方向看，造成肢体形态语言表达的不自然和不成熟。模特在直线行走中要保持优美的形态，洒脱流畅的步态，充分发挥好个性气质风度，把自身全面的表演能量展示在舞台上。

（1）直线路线（图3-81）。

（2）层次变化走台线路（图3-82）。层次变化走台的台型设计需要比一般的T型

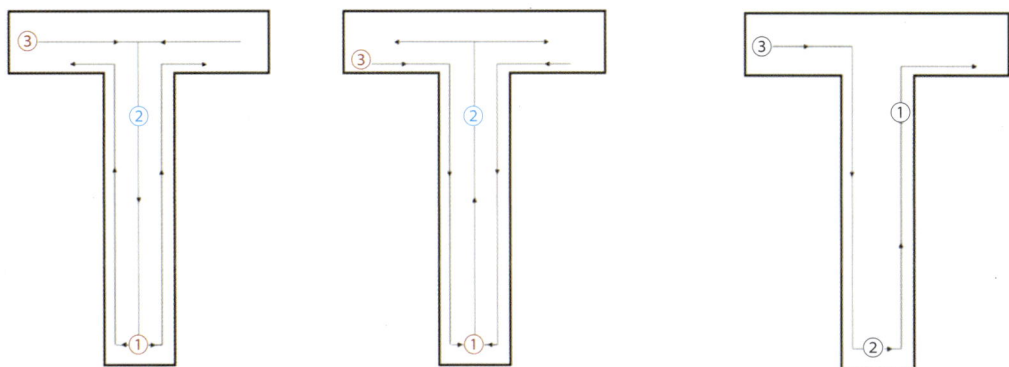

①　②　③　模特出场次序符号

①　②　红蓝模特出场位置

▶　模特走台路线方向

●　模特造型亮相位置

▶　▶　模特走到台前在亮相位置原路返回

▶　模特走到台前交叉至对应编号模特位置后，再往对方的路线原路返回

图3-80　模特走台路线符号标注

（a）流畅型走台线路：中出边回

（b）流畅型走台线路：边出中回

（c）流畅型走台线路：边出边回

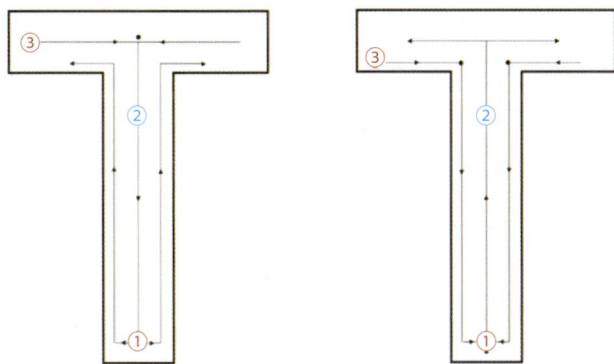

（d）T台前造型，中出边回

（e）出场亮相，台步到头造型，边出中回

图3-81　直线路线

台大而宽，这样才能够使大系列时装的轮廓款型、风格特征得到更好的展示效果。层次变化的走台线路能够使观众看清每套时装的细节效果，还可以增添时装艺术表演气氛，尤其是超过10套以上的时装系列，运用各式错落的层次变化走台线路制造时装展演在无序中有序的舞台气氛，能够体现清晰和简洁的舞台表演效果。

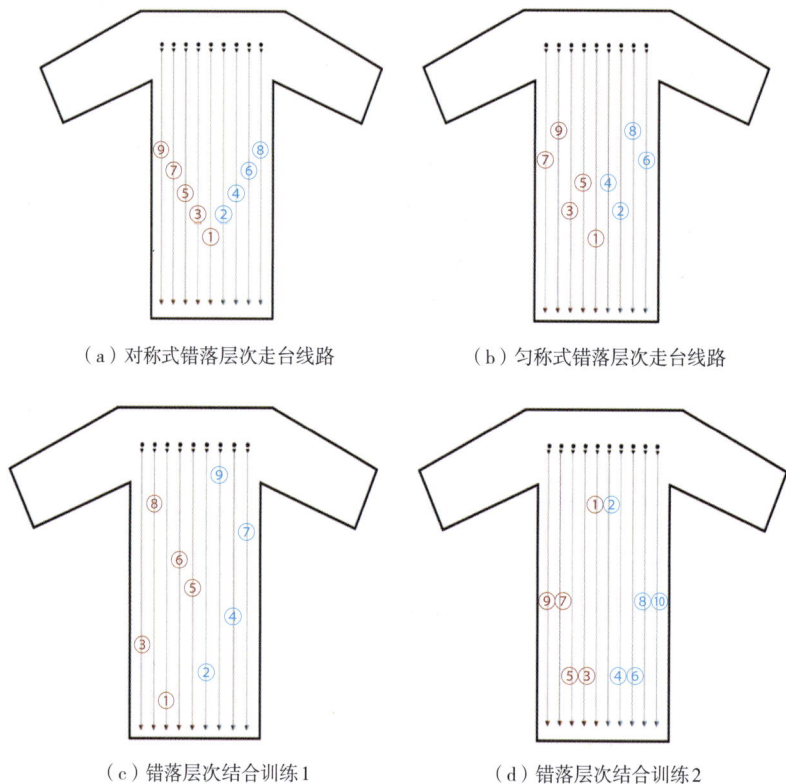

（a）对称式错落层次走台线路　　　　　（b）匀称式错落层次走台线路

（c）错落层次结合训练1　　　　　（d）错落层次结合训练2

图3-82　层次变化走台线路

（3）几何图形走台线路。大型I字台的走台线路取决于表演形式。根据时装创意设想要求，有的要制造宏大气氛，有的要制造舞台变化丰富的效果。几何图形中的三角形、梯形、菱形、圆形、长方形等是编导大型时装表演大秀的线路选择，可以达到意想不到的舞台效果。几何图形走台线路正规有序，在实际运用上可以采取几何图形与错落、直线、齐整线路的交替运用，使舞台表演效果灵活而多变，催生新思潮、新创意时装表演形式的实现具有可能性。

（4）走台线路组合运用（图3-83）。直线、层次、几何图形相互之间组合运用，让模特适应不同台型，熟练掌握不同台型的不同走台线路这一重要表演技能，使时装表演形式变化丰富又多彩。

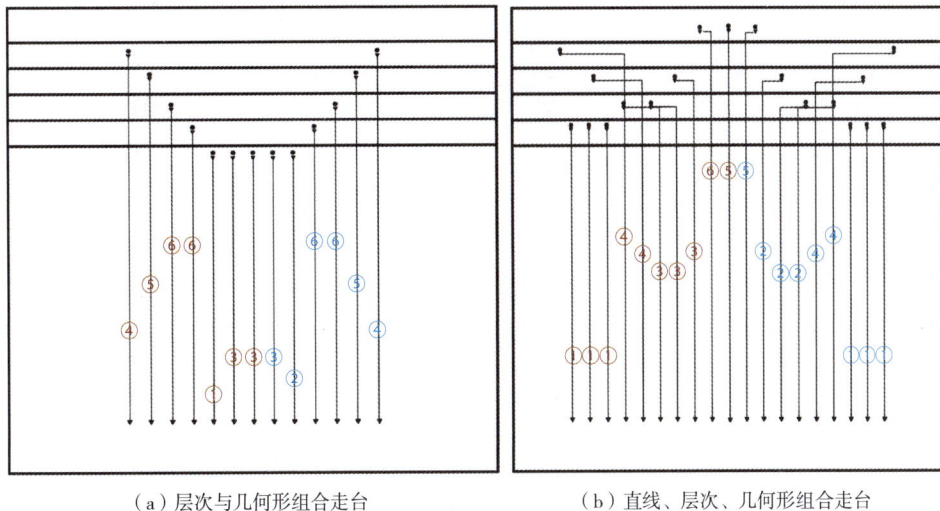

（a）层次与几何形组合走台　　　　　　　　（b）直线、层次、几何形组合走台

图3-83　走台线路组合运用

4.舞台上下台阶训练

模特要熟悉台阶的高度和宽度，这样就不会造成心理负担，走台阶要保持应有的礼仪风度，特别是表演大裙摆礼服需要走台阶时，彰显气场风度和意境情调是关键，不能低头看台阶或者眼睛看着台阶上下，这样无意中会给模特的表演减分，失去了穿着礼服应有的礼仪和风度，影响整个舞台效果，且显得不够专业。为此，模特要熟练和习惯走台阶，把导演安排走台阶的气场意境氛围充分地展演出来，提升舞台整体的时装表演效果。

5.谢幕礼仪走台训练

谢幕是每个模特最后出场时在舞台上的绕场展示，随着轻松的音乐，体现出模特自然中见清新、随意中见优雅且具有亲和力的表演状态，模特在站停的各自位置上向观众致意，用热情自然的肢体语言向观众表达敬意，这种热情的情绪要保持到退场回到后台，不能松懈。另外，在比赛场合或在发布会上，有设计师出场谢幕的环节，模特要让设计师走在前面，除非设计师邀请模特一起到前台谢幕，模特才能与设计师一起走到前台，模特必须礼节性地后退半步，让设计师站在前面谢幕，接受观众祝贺的掌声。在回场时模特还须礼节性地后退半步，请设计师先走，模特随后迅速跟上设计师一起回后台，再次答谢致意。如果是模特比赛的冠、亚、季军获奖谢幕，宣布获得冠军的模特要万分激动地走出队列接受观众的祝贺和掌声，随后绕场一周，同时向各个方位的观众鞠躬答谢，回到中场频频挥手向观众致意，接受鲜花和祝贺。在这一激动人心的时刻，冠、亚、季军相互之间拥抱道贺，亲人家属也会来道贺，这时记者往往会一哄而上，采集大赛花絮，捕捉镜头，或者抓紧时间采访、拍照等活动，获奖选手也要保持应有的礼仪礼貌，不要因疲劳、辛苦而影响大赛的氛围，让激动人心的场面留在人们美好的记忆中。

第四节　舞台造型训练

舞台造型是用身体打破和占有空间的动作练习，主要通过脚位、手位和体位的变化来完成造型练习。模特的造型要与服装的主题相吻合，要理解服装的结构和流行趋势。造型是为了便于观众看清服装的结构，并作为动态走动的一种调节。做造型时，模特身体要挺拔向上，并把握人体的均衡性，要有韵律感和造型感。

一、舞台转身造型技巧训练

1.转体动态训练要求

时装表演转体动态是模特展示时装形态轮廓时最基本的形体表达语言。模特需要熟练掌握各种各样转体动态的基本表达方法，全面展示时装的形态风采，在时装表演实践中得以随意自如地运用，为时装展示增添风采。

（1）转体动态的熟练掌握：台步连接转体动态或造型亮相连接转体动态都是时装模特时装展示的基础表演形态，也是模特从各个角度和活力动感、洒脱优雅、轻盈飘逸地展示时装的有效表演手段。时装模特需要娴熟掌握这一基本表演技能，通过训练达到熟能生巧，并自如随意地运用于时装表演之中。

（2）转体动态的情韵表达：时装模特在运用转体动态时，要把时装的内涵感觉、时装人物角色的情态动感通过眼神传递给观众，使观众印象深刻，难以忘怀，以达到意想不到的效果。

转体先转身体后转头是为了与观众进行互动交流，富有亲和力地展示时装，是模特表演技能成熟的标志。将转体的多变形态融合到时装表演的创意之中，能够增强时尚服饰文化艺术的感召力。

（3）转体动态的个性风采：转体动态在时装表演运用时，需要模特全身心投入（图3-84），在不经意中自然生成的连转、跳转，充分体现了动感情韵美。在时装表演实践和训练中，不能把转体动态做成

图3-84　转体动态

一套程式，没有新意，缺乏个性，没有想象和意境感，这样的转体动态表达影响表演效果。因此时装模特在转体动态的运用表达中，要融入个性，与服装互动中擦出神韵，把时装情韵神采演绎得生动而富有活力。

2.男模特的转体动态训练

（1）T台前直接转体回走。

（2）T台前造型亮相，上步转体回走。

（3）上步转体270°，后背亮相后回走。

（4）造型接退一步或多步，再上一步转体回走。

（5）造型上步连接转体，直接转体，退步转体，360°自由转体。

（6）活力动感的一边跳一边转动态、连转动态，一边走一边跳连接转体动态。

3.女模特的转体动态训练

（1）T台前180°转体回走。

（2）T台前造型亮相接270°转体造型回走。

（3）180°接360°转体亮相造型回走。

（4）T台角左转270°，横向交叉接90°回走。

（5）随意轻松地一边跳一边转，轻盈飘逸的连转，活力动感的点转动态。

（6）熟练掌握运用180°、270°、360°、连转、点转、角转。

4.转体与造型互动协调运用

模特的转体要以展示时装风格特点为主要目标。在转体动态与造型结合运用时，转体的演绎要充分体现情韵动感活力，又在造型动静相宜的意境中相互衬托，体现出形态美，让转体动态彰显个性。既有动感，又有造型感，把时装的各个角度层面展示出来，这样的转体动态才能显现时装的风采和模特形体动态表演的风格特点。

二、舞台造型灵活补缺训练

舞台造型主要通过脚位、手位和体位的变化配合完成，最为常见的造型为台前定点造型，即基本站姿亮相。而模特在舞台上的大多造型都是在秀导规定的出场顺序、出场路线、定点位置、定点造型时长的基础上进行自我发挥的。这就要求模特在舞台上根据现场情况灵活设计造型，同时能在突发情况或是舞台存在瑕疵时，及时补缺。所以在平时的走台造型训练中，应注意以下几点：

（1）提前观察在场模特的造型，看自己是否突兀，同时避免和相近出场顺序的模特摆出相同的舞台亮相造型。

（2）台后造型应侧重着装的整体效果，让观众对服装作品形成整体印象。

（3）台前造型应尽量配合摄影师的拍摄角度，给予摄影师充分的拍摄时间，在造型变化时可兼顾整体造型和设计细节的展示。

（4）中台造型应以观众的感受为重，重点突出服装的功能性设计和细节，与现场观众形成短暂而有效的交流。

（5）对于开场模特和压轴模特而言，如果时装编导安排底台造型作为整场服装表演的开场或者收尾，那么其造型必须具备独特的个性魅力。开场造型须体现整场演出表演风格的基调，压轴造型须完成整场演出表演风格的归纳。

三、舞台造型的多种组合训练

舞台上的组合造型（图3-85）是完整演出的亮点，考验模特间的配合度和专业度，所以在彩排中，服装模特除了个人在前台的独立造型可以有所发挥外，对于双人甚至多人造型都要在脑海里提前构图。其造型需符合舞台表现的整体要求，并在他人重点展示时，保持动作造型和眼神的专注，利用余光观察。在组合造型训练时，服装模特要注意以下几个要点：

（1）与搭档配合造型时，应合理选择造型的不同方向和角度。除站立造型，无论是双人还是多人，相邻两人的造型重心应为反方向。

（2）可有效利用舞台台阶和道具，设计个人站姿、坐姿、跪姿、卧姿，保证组合造型的高低层次。

（3）利用余光观察选择合理站位，保持彼此之间的最优间距，保证组合造型错落有致或铺满舞台。

图3-85　舞台上的组合造型

（4）注意单人或多人的局部组合，以保证组合造型的集中与分散。

（5）造型变化要把握好节奏，避免过快过慢，导致动作衔接痕迹严重。用余光随时关注搭档，避免破坏组合造型的瞬间美感等。

（6）在组合造型时确保一定的静止时间，如果造型时间较长难以保持平衡时，可主动变换个人造型，但动作要根据音乐节奏，避免变换突兀。

第五节　服装与道具的融合训练

在服装表演中恰当地运用饰物，可以完善服装设计的整体感，为服装表演增色，丰富模特的表演形式。根据服装表演目的性的不同，有些设计师或是活动方提出模特展示的要求也不同，有以人为主、以服装为主和以衬托产品道具为主三种，这就需要我们进行针对性的训练。

一、以展示服装为主导的融合训练

在大多T台秀场和平面拍摄中，模特大多只需展示服装的整体造型，不必特意展示服装的每一处细节，但针对个别客户的特殊要求，有些服装款式和细节需要被凸显，这就需要模特去恰如其分地展示。一些功能性或一衣多穿的服装以及在细节上有设计亮点的服装，展示它的细节尤为重要。因此在服装表演中，如果模特被要求需要展示服装的细节时，一般可以通过步伐、造型以及躯体的动作引导，把握服装整体廓型和美感的表现，有意识地将观众视线导向服装的细节，并通过事先设计好的动作或造型变化，有目的地展示服装（图3-86）。

（1）外套展示：如西装可以单手或双手扶门襟。

（2）里衣展示：脱外套展示里衣，双手敞开衣襟，半脱状，然后两臂继续向后伸直，使衣服自然向后滑落，用手接住衣领，单手持衣领将服装搭肩上或用手拿衣领由内向外将衣服搭另一手臂上，切记外套里子避免朝外。

（3）衣袖展示：展示蝙蝠袖时，可将两臂向侧展开；展示汉服等宽大衣袖时，既可两臂侧向打开，也可单臂侧向打开，还可一手拉另一手衣袖。

（4）口袋展示：拇指插袋中，四指在袋外；四指插袋中，拇指在袋外；五指浅插袋中或五指深插袋中。练习时可单手做，也可双手做。

（5）裙摆展示：裙摆很大，可单手或双手提裙，展开或旋转裙摆进行展示。

（6）特殊设计款式的展示：如一些夸张的礼服，肩膀、领口、袖口等夸张设计，可以用单手或双手轻抚设计点，搭配亮相造型，尽量将有设计点的部位朝向观众和镜头。

（a）服装正面细节展示　　　　　　　（b）服装侧面细节展示

图3-86　服装细节展示

二、以展示道具为主导的融合训练

服装模特一般不需要特意去展示道具，道具在服装表演中辅助服装共同完成服装模特个体形象塑造，完善服装设计作品整体搭配，丰富演出视觉。在以道具为表演主对象的服装表演中，为了突出道具，对于服装的选择倾向能体现道具使用场合、设计相对简单、色彩较为低调的款式，有时甚至会选用统一服装。因此，服装模特在表演中应该尽可能多手法地展示道具（图3-87）。

（1）箱包展示：包的种类很多，大小各异，根据包的不同特点，可单肩挎包，也可双肩背包，可单手拿包或双手拿包，也可手提包、手拉行李箱等。

（2）围巾展示：可单肩披巾，也可肩斜披巾，可双手持巾，也可单手持巾。

（3）墨镜展示：单手扶镜，也可单手摘墨镜，将墨镜挂在胸前或戴在头上等。

（4）珠宝饰品展示：在展示珠宝饰品时，要求模特根据产品风格进行动作展示，可舒展贵气、时尚摩登、甜美俏皮，表演感觉与所展示的珠宝饰品设计内涵吻合。展示时，可运用不同手位组合对珠宝饰品进行展示。

（5）帽子的展示：戴帽于头上，单手轻抚帽檐，也可双手扶帽檐。

（a）箱包展示　　　　　　　　　　　　（b）扇子展示

图3-87　道具展示

（6）其他展示：如手机、鞋子、产品等物品，可根据展示的主题与氛围，进行手持、局部造型进行灵活设计展示造型。手的位置不仅可以应用在服装表演的静态展示造型上，还可以应用在动态展示造型的姿态里。

三、以展示模特为主导的训练

目前国内举办的职业模特大赛很多，大赛目的是选拔优秀模特人才以及表演新秀，开发模特资源，并通过选拔大赛的形式，向国内外时尚机构、模特经纪公司、影视公司、时尚传媒、广告公司等推荐模特和演艺新人，为模特和影视行业服务，同时为模特与影视表演新人搭建展示平台。比赛过程中，选手们统一服装，主要以展示模特自身为主，想要在众多选手中脱颖而出，就要在比赛中大胆地展示自我风采（图3-88）。

（1）时装走秀环节：这是展示模特自身风格和魅力的环节，也最考验模特的台步基本功，腰背立住，台步要稳，眼神坚定，展示自己最擅长、最自信的台风。

（2）泳装走秀环节：泳装款式贴身，充分体现身材、显露肤质。模特着泳装时，不管是台步还是展示造型，尽量动作舒畅，展现出活泼、健康、挺拔、富有女性曲线的美。

图3-88　龙腾精英模特大赛

　　（3）礼服走秀环节：礼服雍容华贵，一般播放慢速的音乐，需要模特把台步放缓，这就考验模特的身体控制能力。台步虽然放缓，但是步伐要有连贯性，不要一卡一顿，身体时刻保持平稳。模特造型彰显大方，可配合头部、手臂、肩膀等肢体的小幅度角度，变化进行亮相造型。

　　（4）平面拍摄环节：考察模特的镜头感和表现力，一般以大头和半身照为主，平时训练中观察自己面部表情，将自己最满意、最自信的一面展现给镜头。

　　（5）才艺展示环节：建议选择舞蹈作为才艺展示，舞蹈与服装表演是两种不同性质的表演，但两者之间却有着共同之处，都是以身体语言作为表现手段来表达思想和感情的，在跳舞的过程中可以展现模特自身的肢体协调性。舞蹈在评委眼里能更直观地观察选手肢体的表达能力、控制能力及力度等，相比较于其他才艺更占优势。

四、服装、道具、灯光、音乐融合训练

　　服装表演想要呈现出一场精彩的演出效果，模特除了要展示服装和道具，还要配合好舞台灯光和音乐，灯光和音乐是服装表演的两个重要元素，两者具有装饰性、表现力强的特点，可以烘托、渲染舞台气氛，同时强化表演内容，使观众有身临其境的感觉。

　　因此，模特在演出前需要提前了解服装的设计风格、道具展示方法、灯光布局设计、音乐节奏变化等，才能更好地结合编导安排的出场路线进行表演。

（1）了解服装的设计风格：向设计师了解服装的设计风格，服装穿着是否正确，是否有需要展示的工艺细节和表演展示服装的特殊要求。

（2）了解道具展示方法：有些道具是设计师设计的，如果我们并不了解，需要及时询问展示方法，避免演出时出现纰漏。

（3）了解灯光布局设计：为了演出的整体观感，许多秀场都加入了灯光设计，有些开场或者收尾使用追光灯、定点灯给模特一个特写来渲染气氛，将观众的视线集中，模特需根据灯光的变化并结合音乐节奏的变化进行走位和定点造型。

（4）了解音乐节奏变化：模特走台的节奏比音乐节奏过快或过慢，都将影响对服装的展示。有些秀场，开场编导要求模特结合音乐节奏变化出场，再加上灯光的渲染配合，这是编导在处理舞台构图，掌握演出节奏的常用方法。

本章小结

- 形体、台步、肢体协调性、造型能力的好坏都是衡量模特专业度的标尺，可以通过后天努力训练进行提升。
- 完美的服装表演步态观感上应是紧而不僵、松而不懈。改变不良习惯要靠在大镜子前面反复练习，用心体会动作的感觉和要领，之后在舞台上才能自如展现。
- 时装表演各个环节的默契配合是成功的有力保证。
- 时装模特在转体动态的运用表达中，要融入个性，在与服装互动中擦出神韵，把时装的情韵神采演绎得生动而富有活力。
- 模特在演出前需要提前了解服装的设计风格、道具展示方法、灯光布局设计、音乐节奏变化等，才能更好地结合编导安排的出场路线进行表演。

思考题

1. 形体训练的内容都有哪些？作用是什么？
2. 基本表演步伐都有哪几种？
3. 模特的个性表演风格特征都有哪些？
4. 行走中的手臂摆动是"小臂带大臂"还是"大臂带小臂"？
5. 行走中的身体要求有哪些？

第四章
时尚广告模特的造型艺术

课题名称：时尚广告模特的造型艺术

课题内容：1. 平面广告模特造型艺术

2. 影视广告模特造型艺术

3. 时尚广告模特造型摆拍法则

课题时间：16课时

教学目的：掌握时尚广告拍摄技巧并运用到实践中去

教学方式：理论教学与实践教学相结合

教学要求：掌握所有拍摄技巧与法则

课前（后）准备：将所学内容运用到实践中去通过分析案例、总结经验对于造型的应用，模特除了在T台上展示服装亮相时需要摆造型，更多的是在平面以及影视广告拍摄工作上，在相机前拍摄动或静态画面，为企业做品牌广告宣传，或者是自我营销等。模特拍摄照片有两种情况，一种是单纯为了拍摄广告或静态画面；另一种是动态展示中的抓拍，随机性较大。模特在进行照片拍摄时，要注意镜头的位置，控制好摆造型的时间，这样才能把握好自己的感觉，要注意动作姿态的丰富性，才能增加画面的艺术性和可观赏性。

第一节　平面广告模特造型艺术

在镜头前，专业的模特在拍摄时能够做到表情自然，姿态造型动作流畅，富有节奏感和创新能力，能够理解摄影师、服装设计师或者商家的意图，能够了解镜头前所展示内容的内涵和需要表现的感觉，能够与场景结合，运用好配饰，能够表现出具有动感的静态画面（图4-1）。

在实践教学中，学生感到最困难的是在照相机前没有合适的动作造型姿态，不知该如何去做，更谈不上感觉了。为了增加动作姿态的丰富性和感觉的连续性，在训练时，首先从模特身体重心的不同位置表现开始训练，然后结合不同侧面的表现训练，还要与场景结合进行训练，最后是主题情景创作训练。这样就弥补了学生的薄弱环节，使他们的造型展示更加自如流畅，在照相机前不会临场发慌，以致无法用肢体表现。

一、平面广告模特造型技能训练

平面广告造型主要是以人的情感为创作源头，引申出来的人体线条形象进行自然、夸张、变形等动态构想，在相互联动变化中形成广告形象创意的思维方法，拓宽造型表演空间，脉络更为清晰明确。同时注入造型的各种情感意蕴，彰显广告形象的文化价值。使模特在平面广告中的姿态动作造型表达能够高度概括广告的诉求目的，形成具有强烈整体视觉效果的新形态创造力，实现广告形象传播价值的最大化。平面造型训练主要包括生活化姿态造型训练、夸张姿态造型训练、戏剧性姿态造型训练、创意性姿态造型训练、高格调姿态造型训练。

图4-1　具有动感的静态画面

1.生活化姿态造型训练

运用生活自然形态的姿态动作造型对模特表达能力进行训练，模特在着装后体现出自然生活人体形态造型风格。例如，休闲装的轻松自然、自由闲适；职业装严谨端庄、一丝不苟，还可以体现职业装优雅智趣的情绪情节，为职业装的广告平面拍摄增添情趣效果（图4-2）。秋冬装的实用性、泳装的情景效果、T恤的活力动感等都可以作为生活化姿态造型训练素材。提取生活装自然、端庄、大方、沉稳、恬静等气质神态，经过模特对时装作品演绎、对姿态动作提炼加工、对情感修饰美化，融入模特个性气质内涵，把时装生活形态自然优雅地表达出来。

2.夸张姿态造型训练

在模特训练中，可以运用夸张变形的姿态动作造型对模特的表达能力进行训练（图4-3）。夸张变形的姿态造型体现了时装设计元素的时尚与创新。因而，模特肢体语言变通的表达力尤为重要，在不断丰富与提升中掌握姿态动作造型的有序与无序、分割与叠加、夸张与收缩，形成肢体形态延伸扩散的视觉效应。在时装平面广告拍摄中，模特不断切换各种变化丰富的姿态动作造型，在新形态创意表达中呈现时装设计思想的深刻内涵，使肢体语言张力的表达变得更有意义。

图4-2　生活化姿态造型

3.戏剧性姿态造型训练

戏剧性姿态造型训练（图4-4）扩大了模特多种表演感觉状态的尝试范围。时装本身的穿着环境和穿着情绪都有可能引申出模特戏剧情绪动态表达效果。戏剧性情绪动态表达更需要模特的表演能力能成熟应对，挖掘时装本身具有的情绪动态戏剧效果并做出灵敏反应，及时捕捉时装戏剧情绪动态。模特要注意观察和储存生活情境中的表演元素，任何因时装特点而引发的情绪、表情都可能作为时装

（a）夸张姿态造型1　　　（b）夸张姿态造型2

图4-3　夸张姿态造型

戏剧动态创意的表达。比如，戴着太阳帽俏皮逗人的笑，走在路上回眸一看的惊喜、调皮、耍酷、无奈、耍萌等各类生活表情和动态都是时装戏剧元素的体现。模特将真实生活中的情景经过艺术加工生动地展现出来的艺术形式，可以增加服装的吸引力，与消费者之间既远又近的情绪互动，拉近了时装商品与消费者之间的距离。时装的戏剧性姿态造型能够引起消费者的快乐心情从而令人记忆深刻。

4.创意性姿态造型训练

创意性姿态造型训练（图4-5）能够拓宽模特的想象空间，将时装创新概念体现得更为直接与纯粹。模特运用新、奇、特的姿态造型动态，体现时装的超前、新颖与独特。动态想象变化已经成为展示时尚风格、形态的创新手段，成为标新立异、新颖意趣的动态造型的表达状态；成为体现未来时尚发展概念性创意的表达方式，成为凝聚设计师个人意识智慧的技术与艺术手法的展现等。让前所未有的肢体造型动态体现概念性时装的新意识、新感悟、新时尚、新形态、新视角，是人们艺术审美享受的一道风景线，更是模特肢体语言表达创新的启迪与升华。

5.高格调姿态造型训练

高格调姿态造型（图4-6）体现模特的内在艺术涵养和审美品位。姿态造型动态高格调的表达在于模特从内至外的肢体情感语言，体验唯美细腻、清新自然、闲情逸致、浪漫华美、高贵典雅等时装高格调表达的情愫。唯美情调以高品位、高格调来愉悦思绪，以鲜明的个性、独特的艺术风格及创作激情来传递，捕捉唯美情调肢体动态语言，使模特在唯美情调中得到形体独特语言表达的艺术真谛，使自身的艺术审美情趣与艺术表达力在交相辉映中得到全面提升。模特在平面广告姿态造型动态的拍摄训练中，首先需要积聚丰富的动态语言基础，才有可能在任何时装主题风格中尽情地自由发挥和表达。其次，模特要学会姿态造型动态的变化与变通，当在原来造型动态上进行头的角度或者手的方位改变时，内在情感神韵也随之发生变化，姿态造型动态与情绪神韵在同一点、同一节奏上同时调整和变通，形成情绪凝聚发力点的瞬间定格，这是最为有效的动

图4-4　戏剧性姿态造型

图4-5　创意性姿态造型

图4-6　高格调姿态造型

态造型传情达意的变通表达方法。最后，模特要始终保持创作激情，将自身积累的各种表演技能渗透到艺术的创新中去，完美地诠释时装的风格、概念、形态，以真正的内在实力赋予时装不息的生命力。

二、平面广告模特拍摄手法

平面广告拍摄方法主要有摆拍、抓拍、抢拍。模特要了解平面广告的拍摄方法，目的是做好各个拍摄环节的物质和精神准备，在不同的拍摄方法中感受摄影师对广告作品的创作方法。在沟通、互动、提升的创意情景中，模特全神贯注投入广告形象的创意之中，将整体造型意蕴的表达融入个性演绎风格，体现平面广告人物形象的品质内涵、趣味情调、形态造型，这不是昙花一现的流行瞬间，而是不被流行趋势所局限的永恒经典。

1.摆拍的表达方式

摆拍（图4-7）是平面广告拍摄最常见的一种拍摄状态，在一摆一拍的有序节奏中进行。对于平面广告的拍摄，模特首先要熟悉拍摄步骤和拍摄创意要求，平面广告形象的服饰、化妆、发型等整体形象设计及策划创意的表演风格、表情感觉、姿态造型所形成的视觉效果，明确广告形象的风格表演特征，以便模特能够正确把握广告形象特征的塑造，赋予广告形象丰富的神韵情态表达。其次，摆拍是最为基本的合作拍摄方法，也是摄影师与模特相互进行磨合适应的过程，双方需要熟悉了解各自之间的

图4-7 模特摆拍造型

拍摄节奏，还要相互沟通对广告形象创意细节表达的想法和观点，达到双方默契配合的创作效果。所以，新人模特的经验积累就是从摆拍开始的，成熟模特与摄影师相互适应理解也是从摆拍开始的，模特投入广告形象最佳创作状态同样也是从摆拍开始的。经过一段时间的磨合适应，在摄影师简单语言的提醒暗示下，模特对广告形象的整体把握会逐渐明晰，自然而然地投入广告创意的情景中，在一个连一个摆与拍的和谐创作中，摄影师的创作热情与模特表演感觉渐入佳境，广告人物形象塑造得到了全面完整的展现。摆拍的拍摄方法是平面广告新人踏入该行业的基础经验积累和表演技能技巧磨炼成熟的基本途径，也是摄影师与模特相互熟悉、相互了解进入最佳创意状态的有效方法，更是共同齐心合力尝试创意新风尚、新意境、新感觉的有效方法之一。

2.抓拍的表达方式

抓拍（图4-8）是模特的表演感觉与摄影师拍摄的激情共同进入最佳创意工作状态。模特充分理解广告主题思想，身心全面投入广告表演的意境情绪中进行表达，让摄影师不断连续地抓拍，达到最佳构图的画面拍摄效果。摄影师抓拍方法的有效运用，主要建立在模特提前研究广告风格内涵表达的感觉认知的基础上，这时模特具有明确的塑造意识，体现了新颖别致的广告人物形象。模特在抓拍中游刃有余地塑造广告人物形象，还得益于模特主动与主创人员进行沟通和探讨，听取他们的建议和意见，在主创人员的整体构思创想作用引导下，模特的艺术表演素养和表演技能技巧得到全面发挥，正确把握了广告人物清晰形象。在广告人物形象表演思路明晰的前提下，模特的正确表演感觉意识全部集中投入对广告人物形象的情绪、情感、动作造型的自然生动创作中，捕捉抓拍理想的广告人物形象的画面镜头，在摄影师与模特双向互动创作中，艺术表达力得到充分的发挥。

3.抢拍的表达方式

抢拍（图4-9）是模特完全能够掌握广告人物形象的情感、神韵、形态进行自由创设表达的一种拍摄状态。模特对广告人物形象的塑造有着极其敏锐的理解力和感悟力，并能把个性表演风格融入广告形象的创意中，凸显艺术张力的视觉效果。模特演绎的姿态造型动作都能激起摄影师的创作激情，感觉、情绪、姿态、眼神始终吸引摄影师的镜头在瞬间定格，完全

图4-8　模特抓拍造型

图4-9　模特抢拍造型

投入于广告形象演绎的自由感觉意识之中，千变万化的姿态造型油然而生，在激情互动碰撞中产生了艺术的火花，创作状态引起共鸣。这种拍摄感觉可遇不可求，是摄影师和模特以及共同参与策划创作者最为期待的品质，演绎出广告作品的超然风范。平面广告的摆拍、抓拍、抢拍的拍摄方法是广告形象创意最基本的三种拍摄方法。采用哪种方法能够让摄影师和模特发挥最佳创作状态，可以根据各自当时的情况、双方沟通后的效果以及默契配合的程度进行取舍与运用。最终目的就是要在拍摄过程中，模特与摄影师形成一种合力，化作广告主题美丽的和声，创作出最佳广告效果。平面广告拍摄是专业模特掌握广告风格创意、人物情调演绎、姿态造型变化的重要表演技能，模特要在拍摄的过程中不断学习和积累拍摄经验，打下扎实的综合表演技能基础，在平面广告拍摄中逐步走向成熟。

三、平面广告镜头感训练

　　模特在平面造型训练开始之前需要了解自身在镜头里的表演状态（图4-10），因为模特的任何工作都离不开镜头，为能尽快在镜头里找到感觉，模特必须始终注意观察自身在镜头里的表情和姿态造型，在表演中展示自身优美的部分，避免不足，发挥自身形体姿态造型优美的线条，在镜头里把自己各个部位最美的角度充分展示出来，在与摄影师默契合作中创作出有影响力的好作品。

平面镜头感的综合表演能力训练包括脸部各种角度的特写拍摄、上半身各角度的特写拍摄、全身各角度的特写拍摄、手的多种姿态动作和眼睛的情感特写拍摄、头发的静态和动态造型练习拍摄等。通过对身体各个部位情感表达与姿态造型镜头感的实践训练，掌握平面拍摄的基础知识，并在实际拍摄中有一定的表达力，能够在后续的实践中，逐步积累平面拍摄的经验，以便有各种机会让模特发挥表演潜能。

1.脸部特写拍摄

用特写镜头对脸部的各角度进行拍摄（图4-11），包括正面、略侧、半侧、全侧，向上看和向下看的各方位点拍摄，从自己的右肩至左肩的180°方向之内移动角度方位，同时找到脸部最有自信的感觉情绪、最美脸部轮廓角度表达的拍摄，观察自己脸部在镜头里的表演感觉和脸部轮廓线条的清晰力度，明确了解自己在镜头里的表演状态和表现力。

2.上半身特写拍摄

从头顶至腰间进行特写拍摄（图4-12），运用肩膀的各角度与脸部各角度相互之间的变化，找到上半身与脸部共同协调的情感表达，使上半身各种动态变换传送出姿态造型丰富变化的表达力，使上半身有限的形态方位变换体现个性的魅力表达。

全身的各种姿态动作造型角度特写拍摄（图4-13），需要头、肩、腰、臀、腿、脚、手协调合作变化，生成各种生活的自然形态造型以及形体夸张变形的时尚魅惑造型，把自身的姿态动作造型的人体线条美充分地展现出来，达到内外意蕴并力合发的表演效果，变换多姿多彩的各种动态层次造型。

3.全身特写拍摄

把自身的姿态动作造型的人体线条美充分地展现出来，使自己在平面拍摄实践中达到内外意蕴并力合发的表演效果，变换多姿多彩的各种动态层次造型。

图4-10　模特拍摄时的表演状态

（a）脸部侧下角度

（b）脸部侧上角度

图4-11　脸部各角度特写

图4-12　上半身各种角度特写拍摄

（a）全身俯拍角度　　　　（b）全身仰拍角度

图4-13　全身各种角度特写拍摄

图4-14　手的各种姿态动作特写

4.手的各种姿态动作特写

拍摄姿态动作的丰富变化主要在手上（图4-14），手在脸部周围的各种细小动作，舒展做出各种形态动作，形成千姿百态、线条与动作姿态协调优美的表演效果。

5.眼睛的情感特写拍摄

眼睛是心灵感悟自然表达的窗户，也是内心各种情绪情感传送的信息窗口。通过眼睛我们可以看到个人内涵修养的积累，眼神里的内在情感有深厚的文化底蕴为支撑。体现最真实、最生动的"眉目传情"效果，把各种外在表情和内在情感演绎到极致。

四、平面广告造型美学

美产生于人类的生产实践中，人类在改造社会的直接经验中获得美感。广告作为社会进步的产物，具有艺术的气息，带给人们精神层面的享受，优秀的平面广告作品善于利用人类的视觉捕捉作品中的美感，运用原创力和想象力为审美保鲜，有效地激发广告联想，塑造美的理性与感性的统一。然而广告又是一门不同于纯艺术的审美艺术，其创作必须遵循品牌特质、符合产品的市场规律，从而更好地为便利和改善人们的生活服务。

随着时间的推进，人们对美的要求也在不断改变。以狩猎、捕鱼、丰收等为主题的原始社会的壁画作品体现了早期人们对于美的认识，用大尺幅、粗犷线条的图案表达他们对于群居生活的理解，对丰衣足食的想象和憧憬，从审美的角度开启对神秘大自然的认识。几千年的封建社会里，劳动人民制造出青铜器、敦煌壁画、兵马俑、唐三彩等大量精美绝伦的艺术作品，人们对美在生活上的作用有了更丰富的认识，承载美的物体和领域有了更广阔的天地。随着生产力的发展和人类社会实践的进步，人类可以从产生美感的对象中超越出来，独立于对象，以旁观者的身份观赏它、品鉴它，得以形成审美的态度，而对象则呈现出供人类欣赏的形式。美感成为精神上的愉悦和享受（图4-15）。

　　广告好不好，自然依赖于受众的直接体验。这个起源于商品生产和交换的活动，是人类有目的的信息交流和传播的产物，是社会进步的必然现象。几千年来，随着社会的发展，广告从最初的口头叫卖、悬帜挂物等简单的物品宣传发展为信息社会的一种文化现象和艺术形式，成为具有审美能力的人们的欣赏对象。有人说，好的广告人一定是一个成功的艺术家，这话不无道理。广告能够给人带来美的享受，留下如见其人、如闻其声的印象，让整个品牌在眼前鲜活起来。优秀的广告作品承载了物质美和精神美，通过大众对广告的认知和理解向社会传播消费观念和价值观念等，潜移默化地影响着人们的生活。广告艺术以实用性为目的，所表现的是对某品牌或产品的有目的性的艺术诠释。高明的广告总是能够将商品讯息融入艺术形式中，让观众察觉不出或者欣然接受商品的

图4-15　平面广告造型美的传达

"推销",这也是广告艺术性的最佳体现。

一直以来,关于广告到底是科学还是艺术的话题众说纷纭,争论不休。客观地说,广告是严谨的科学,也是综合的艺术,它与纯艺术不同。在广告活动前期的市场调研和策划方案中,广告的体征更多地表现为科学性,如何选择科学有效的研究方法进行市场细分、找准目标消费者并摸清他们的习惯和喜好是这个阶段的主要任务,广告创意只能是遵循广告品牌特征的"戴着脚镣舞蹈",创意诉求点有迹可循,并非天马行空。而对于消费者而言,他们看不到前期的市场调研与策略筹划,真正能够与他们接触的是经过创意策划后呈现于电视、报纸、网络、户外等各类媒体上的广告作品,在作品表现环节,广告的艺术性被放大,可以被视作艺术品欣赏。以优秀的影视广告为例,在以"帧"为时间单位制作的短短几十秒内,精耕细作的画面效果堪比电影大片,俊男美女的亮眼组合、垂涎欲滴的新鲜食材、如梦如幻的静谧景色,都带给观众美的感觉与享受。无怪乎人们常用"餐餐盛宴"形容戛纳、莫比一类的年度广告节,可见广告作为一种艺术作品所蕴含的精神丰裕。

1.视觉画面承载平面广告核心内容

只要是一个正常的人,在日常生活中都会自觉或不自觉地参与到审美活动中。后者是人类从精神上把握现实世界的一种特殊方式。从某种程度上说,美学即审美学。审美活动帮助人们了解到美的底蕴何在。在人类的审美活动中,80%的信息是通过视觉带来的。而动态或静态的画面恰好是广告的重要组成部分。除了以广播为代表的声音广告外,电视、电影、报纸、杂志等多数媒体所承载的广告内容都以画面为核心。在广告的世界中,没有个性的作品是死气沉沉的。一味地模仿而无法超越自我,更不会有品牌的特色。

2.想象力激发美的联想

在审美活动中,想象是必不可少的,它能够将有限的感觉能力推向无限丰富的体验。而联想是想象的基本形式。广告能够让受众感知到美的存在,很大程度上是借助了联想的翅膀。因此我们常说,好的广告创意能够最大限度激发受众的想象力,让受众眼前浮现出广告有限时空中未能展示的符号和内容。

广告擅长于将人们的友情、亲情和爱情等移植到客观对象中,利用文字、绘画、灯光、色彩、音乐、舞蹈等元素表现广告的创意和主题,激发受众的欲望和联想。美是感性和理性的统一,广告同样如此。

五、平面广告拍摄的场景要求

广告摄影的构图是对画面主题的控制和处理,以表现广告的意图。也就是说广告摄影师通过镜头的视觉,利用摄影和造型的手段,组成一个整体,形成一幅完美的画面,即广告摄影的构图，它是组织图片或图片布局的图像处理。

广告摄影构图的主要任务是聚焦和突出主题，广告摄影通常包括主体、伴奏和背景。所谓的主体是摄影师创作意图的主体，它将在画面中占据主导地位。所谓的伴奏就是与画面中的主体紧密相关的物体。背景是内容主体的环境、氛围和空间，以表现整个画面的基调和线条结构（图4-16）。广

图4-16　平面广告拍摄背景

告摄影的基本要求是要达到简洁、完整、生动、稳定的构图效果。

1.场景空间的分类

（1）叙事场景：是指在某种意义上直接或间接承担角色表演，企业宣传片制作且具有表演价值的场景，其特点是烘托气氛、提供背景、衬托商品等。

（2）幻觉场景：指人物在正常或反常时，对过去或未来的想象。

（3）表意场景：具有非现实、纯主观的意向性场景。例如，通过光影的处理，表现人物或商品的状态等。

2.场景的构成

（1）场景的构成要素：物质要素——景观、建筑、道路、人物等；情绪要素——形式、色彩、光线、时间、声音等。

（2）场景内容：场景空间本身和多场景空间。公司宣传片拍摄场景空间反应主要人物的状态，起衬托作用；多场景空间，是指相互间的构成关系。

（3）场景的构成方式：重点场景、多元场景、局部场景。

（4）场景设计产生：主要有萌发、成长、定型三个阶段。

（5）场景设计的步骤：确定场景→平面构成→立体构成→画出效果图。

第二节　影视广告模特造型艺术

模特在录像机前的拍摄分为两种，一种是表演过程中的摄像，另一种是表演中间的花絮摄像。模特在表演过程中的摄像分为三种，一是模特在表演展示服装时进行的拍

摄，是对表演全过程的一种摄像；二是对模特所做广告片进行拍摄；三是专门对模特各种造型姿态进行拍摄。造型变换时的连接过程都是拍摄内容，所以要求模特在摄像机前的表情和动作具有连续性，能够把握好潜在的中心节奏。

一、影视广告模特造型技能训练

模特表演走台过程中的拍摄比较容易，只要注意细节的处理，不要出现小动作，如抿嘴、五官乱动等。从出场到结尾所有的表情动作都保持感觉和状态，就能使摄像镜头里的效果一直保持得很好。平时模特走台训练的比例较大，主要强调镜头感。拍摄广告片需要模特具备良好的表演素质，具有很强的扮演角色的能力，尤其是对真实感和信念感的把握，是创作角色并使角色更具有魅力的基础，需要加强这方面的训练。专门的造型录像需要连续的感觉，因此不容易做好，它的基本单位也是造型姿态，与在照相机前的照相感觉不同，照相在造型中间可以停顿，只要画面姿态美，能表达出主题即可，而录像是不能停顿的，对连续的感觉要求非常高。这就需要模特进行更多的造型训练，尤其在整个表现过程中，模特要把感觉延续下来，需要对自己的造型有主题情景设定，能够在"有帆有舵"的情形下进行表现，这是训练的关键。模特在表演中间不能停顿，眼神不能游离，感觉要在状态中，要把握好中心节奏，这样出现在镜头里的展示才能表现流畅，才有艺术性和可观赏性。

1.影视广告人物形象的塑造

影视广告人物形象的塑造，不能脱离当今社会经济高速发展下人们生活的节奏，要与现代的生活节奏契合同步，突出展现新时代的人物精神风貌。广告人物形象的塑造至关重要，成功与否直接决定企业商品在市场上的竞争力和未来发展，所造成的社会影响力对消费者感知价值的渗透将起着推波助澜的作用。模特要竭尽所能塑造一个真实的、创新的、戏剧性的、文化内涵丰富的广告形象，在消费者脑海中留下难以磨灭的印象。因此，广告形象的确立一定要根据商品所特有的品质与消费者实际生活的关系提炼广告人物形象特征，并在广告剧本、导演和编创人员的解读引导下，加上模特自身对广告形象的理解和琢磨，形成塑造广告形象的基础框架，从商品所蕴含的精神品质与实用性的双重价值中对人物形象加以美化与塑造，并采用一切手段来完善人物形象，注入鲜活的、生动的时代气息，体现广告人物鲜明的形象特征（图4-17）。

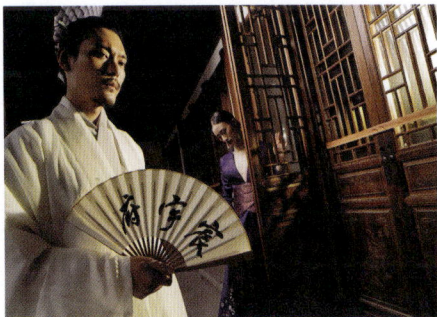

图4-17　影视广告人物形象塑造

2.影视广告人物的性格塑造

广告人物性格特征源于现实性和真实性，大多数商品都与人们的日常生活息息相关，所以一定要站在消费者的立场上来创作真实可信的、具有鲜明性格特征的广告人物形象，才有可能成为一个成功的广告。人物性格的生命力来自生活的现实性、多样性，统一而又独特，其内涵提炼和表现形态是丰富多样的。由于商品的不同，广告人物角色的性格提炼也不同，无论什么样的个性特质，都必须植根于社会真实的生活土壤里，有充分的现实依据，同时又与现代社会潮流的审美特征融合一体来打动消费者，实现消费者的忠诚度与美誉度，建立广告形象并传播与推广。

3. 影视广告人物的情感渗透

广告人物的情感渗透既要从商品与人物情感的互动中把商品的品质、品位、内涵突显出来，又要从人物情感当中寻找吸引观众的突破口，让商品与情感的精彩互动成为吸引消费者情感的亮点，继而扩大商品广告的传播和影响力。在广告表达说服中情感渗透显得尤为重要，情感是商品的所求点与消费者的兴趣点之间最完美的结合点，引入消费者内心的情感产生共鸣往往比呆板的理性说教效果更好，恰如其分地运用情感渗透元素，多点合一的综合表达，使真情实感的演绎赋予广告生命力。此外，模特需要根据广告人物塑造设计要求，揣摩并逐渐走近广告人物的心理，目的是深入广告角色的心灵世界，将自身的情绪情感、意志和智慧引入到广告人物角色的心灵深处，得到和谐融合的表达，打造独特的传播语境，真实、生动地塑造广告人物形象，在情感渗透中催生广告的影响力。

4. 影视广告人物的心理节奏

模特的人物形象塑造应该以分析广告角色的性格、情绪、情感而形成的外化动作基调节奏来体现，即从广告人物形象塑造的整体节奏这一方法入手，创作出具有鲜明特征、感人至深的广告，留在消费者的记忆中。模特在塑造广告人物形象的过程中，还应该学会改变自身的习惯节奏，把自己习惯性的情绪动态节奏暂时隐藏起来放在一边，体验规定情境中广告人物角色所需要的情绪、情感、动态，进行研究创作，这样才能把握广告人物角色的性格节奏、情绪节奏、动作速度节奏、行动的幅度和力度等，在理想化的人物形象创意中带给受众不同的艺术审美情趣。

5. 影视广告形象的整体创意

广告整体形象创意中的服饰、发型、道具、环境设计与人物性格、情绪情感表达都是形成整体统一视觉图像效果的重要元素。化妆与发型设计要把人物性格特征形成整体的重要视觉信息效果，环境和道具虽然不是广告的主体，却和广告的视觉效果有着密切的联系。因此，在环境的挑选、模特的妆容、道具的设计选用上都要考虑全面。成功的广告离不开每个细节的设计和思考，三四十秒时间的广告在统一协调的氛围中凭借情绪、情感、情节展开"悬念"来吸引消费者的眼球，在情景交融的意境渲染中，提升广告整体形象塑造的艺术表现力，令消费者印象深刻、回味无穷。此外，广告情节设计要掌握分寸，不能为了吸引消费者而做出违背常理的、突兀的、过度夸张的所谓广告效应，这样不真实推广产品的性能、作用、功效，反而会被消费者抛弃。所以，人物的整体形象塑造应该在人物外形设计、性格、情绪情节设计、表达形式创意上形成多样性统一的整体艺术效果，把广告人物形象鲜活地、生动地、丰满地、立体地塑造，形成的广告整体形象的视觉冲击力，带给消费者不同的艺术感受，激发消费者的好奇心与探求欲望，让消费者获得精神愉悦和美感上的享受。

6.镜头里广告角色的走位

模特要懂得如何跟随导演要求和摄影师镜头手法进行走位，才能使画面更加完美。广告的不同景观和不同景深也会带给人们不同的视觉体验，如人物在场景中对话和交流时，镜头焦点放大、缩小和前、后景位置的变化。模特要了解场地的地形、表演重点位子的布局以及要清晰地找到自己在镜头里恰当的表演位置，始终使自己在镜头里的位置走动，既是广告形象重点突出表现，又是把画面点缀得美丽而生动效果的体现。所以，走位技巧体现了模特的专业表演技能，在现场指导走位时，模特要集中注意力，边走位边思考：一是依据导演的走位思路营造和体现广告整体风格氛围；二是走位中正确把握广告人物心理活动和形态动作特征；三是在走位中完美地展现广告的画面布局构图效果；四是全体广告编创演人员要协调配合，创作出有新意的成功的广告。所以，模特要养成职业习惯，理解导演在走位中的构思和摄影师特殊的镜头语言，尽快做出灵敏的反应，在整体场景中的位置变化做到心领神会，在画面走位中恰到好处地突出广告角色形象特征，以最佳的角度、醒目的位置充分体现广告形象的视觉效果。当今广告的成功传播和推广是消费者高度认可并自愿口口相传的，以满足消费者审美兴趣和精神追求，在娱乐中形成对广告的记忆而走入消费者内心，继而引起消费者的关注热情，产生广告效应，实现价值目标。广告成功的有效传播和推广，创新的表达始终是制胜的法宝。未来广告创新设计的多样性和丰富性将引导消费者感受新风尚生活方式和艺术情趣。

二、影视广告人物角色塑造方法

模特的广告人物角色塑造的二度创作包括两个方面：一是广告人物角色心理塑造，也就是我们常说的角色的"神韵"塑造；二是广告形象的外部行为方式和形态动作的设计。因此，企业在物色广告形象时大多数都会从模特外貌、性格、内涵气质等方面进行考评，一般来说不会找与广告形象个性差异太大的模特来表演。所以，角色与个性相近意味着表演者与角色之间易于沟通，达成的契合度相对来说较高。另外，人物角色展开的表演都应找到心理活动依据，在此基础上形成人物角色表情、情绪、情节的合理恰当、真实自然、可信度高的形象，从而在大脑思维中构思出完整的角色形象，把角色的气质、风度、神采等神情状态和精神风貌体现出来，从而达到广告形象完整全面的塑造。

1.广告角色的预习准备

模特在接到广告表演剧本的角色任务时，先要对商品的文化理念、商品的设计风格特点、面向的消费群体进行深入的了解，形成商品形象的整体概念，要与导演和摄影师沟通，了解创意与拍摄要求，以便做好广告角色的形象塑造的性格特点、情节、情绪酝酿等案头准备。在前期广告情绪酝酿准备中，需要整理出一条符合广告角色表演的思路，经过多方面的观察、体验、联想、筛选、反复琢磨等酝酿准备过程，使大脑思维中的广告角色形象有个初步的"心象"。

2.广告角色"心理"体验

广告角色的初步形成要经过"心理"体验、酝酿、捕捉的过程，模特需要对广告角色的心理活动进行多次、多方面、无定向的尝试，经过实际体验主要是把握住广告人物个性和内心思想的精髓，探寻角色的潜在动机，去感受广告人物最细微的情绪变化而引发的表情、情绪、动作，进行重复有效的揣摩。在经过反复研究、琢磨、纠错的过程中，离角色的心理活动和形体的动作形态越来越靠近，较全面地把握角色心理活动的正确反应，动态逐渐自然真实。

3.广告角色"动态"设计

广告角色"动态"设计是广告角色的行为方式与外部动态的构思（图4-18）。通过对广告角色认知而产生的外部形态动作，包括面部表情、眼神、手势、动作、造型、声音、习惯语调等都属于外部形态的塑造。心理要有清晰的角色定位，角色的行为动态表达方式也相应产生，直至广告角色的形态动作能够自然而然地表达，也就是我们常说的角色形象已经融入模特的个性中，合二为一地进入"下意识"的创作表演状态，置身于角色形象的创作实践，让自己所构思和创意的角色形象追求达到应有的高度，使角色形象鲜活动人，更富有艺术表演魅力。

4.广告角色"情感"把握

广告角色有了清晰的"心象"特征奠定基础，可以更好地带入广告角色的情绪情感体验之中。诚然，表演者对角色情感的把握离不开产品衍生出来的环境，在此基础上表演者必须发挥想象力，在真实生活与理想化角色形象的创作中找到平衡，使广告角色的表达既真实可信，又富有艺术表演魅力。从最初的感性上升到理性阶段的过程中，模特在自己心中形成的广告角色雏形，能够达到思想情感及形态动作

图4-18　平面广告模特动态造型

特征的正确表达，进行广告角色形象全方位的塑造，再经过导演、摄影师、企业共同一致验证和认可，模特的广告角色形象的二度创作才得以完成。广告角色形象的二度创作包括角色的案头准备、体验角色的心理、捕捉角色"心象"、把握角色情感、掌握角色行为动态，还有镜头里广告角色的"走位"等整个过程的基础表演方法的实践，模特在塑造角色时要善于思考，尽快练就形神兼备、形象鲜明独特的广告角色，使自己创作的广告角色形象真实可信，又具备高度的艺术审美价值，以便能够在发展平台中获得更多的创作角色的机会。

5. 广告角色"分寸"控制

广告角色的创作应该恰到好处地控制行为、表情、情绪、眼神、气氛等，才能够创作出成功的广告角色形象。模特在创作广告角色形象时需要对角色的心理活动、情感、情绪、动态等进行有意识地理性控制，也就是说，模特要在情感激荡时必须保持理智的清醒。如果模特表演时缺乏自我控制，不是情绪表演太过火，就是形态动作太过于夸张，完全沉浸于"真情实感"而忘记了控制，那么表演也就失去了应有的分寸，而没有分寸感也谈不上表演的真实。表演分寸感的控制非常重要。其实表演控制是一个极其复杂的系统工程，正确的角色形象分寸的掌握与控制是在相互联系又相互制约的运用中对全身心控制。情感的冲动需要理性来控制，没有理性的介入就会失去控制，无法保证角色正确定位。模特应该用心灵去感悟，用真挚的情感融入角色创作中，驾驭身心实现更高的艺术表演境界。

模特在广告角色形象创作和基础表演实践过程中会获得很多表演经验的积累和体会，对此要做全面的分析总结，对最初广告角色形象不同维度的认知、体验、设计、想象、联想等塑造的方法与策略加以比较，从中选择整理出最为有效的创作广告角色形象的思路，验证表演设计方法的有效性与成功率，帮助模特在以后的创作实践中能够更有效地捕捉广告角色形象。

三、影视广告人物表情情绪训练

人的表情是非语言符号，也是最为丰富且具有表现力的。人通过面部表情的各种变化来表达内心的真实感受。传情达意最主要的器官是眼睛，面部表情通过眼睛传达心理活动，比如人对环境、人与人相互之间交流的各种信息，都可以通过眼睛看出他们对环境的反应以及相互之间的交流。所以眼睛是内心情绪和感情最直接的传达器官，也是表达内心情绪情感的窗口。同时面部表情也是影视广告形象塑造最主要的表演手段，影视广告表演通过对模特面部各种表情的训练，让模特掌握表现广告角色内心的情绪和感情，体验广告角色的心理活动过程，并能全身心投入广告角色形象的创作中去，创造出生动的广告角色形象。

1.发挥个性特征

模特具有的个性魅力是天然优势，模特的这种个性优势在影视广告表演中要得到充分的发挥。模特在学习广告表演时要树立信心，不要满足单一的T台表演技能，而应该投入更为宽泛的表演领域中，把自身锻炼成为一名具有多元艺术表演技能的模特。广告表演又为模特开辟了一条通向成功的路径，如果模特能够真正掌握表情、情绪、情节在不同角色形象塑造的表演技能，那么就会为走向更为宽泛的表演领域打下扎实的基础。由于模特不同个性展现的表情不同，产生的艺术感染力对模特广告表演艺术的学习有更为深远的意义，由此可能引起社会对模特在广告表演领域的关注。在广告传播铺天盖地的当今，应该能看到更多模特塑造的广告角色形象。模特要在学习广告表演时将个性特点充分展现出来。模特有广告表演的基础，就有能力展示角色的精神气质，把握住角色的性格基调，从而找到特有的表情、情绪、眼神、动态等。模特以自己与角色相似点作为角色塑造的切入口，对广告角色的塑造更为典型而又生动，使体现时代的经典成为可能。

2.表演意识集中专一

模特只有全神贯注地投入广告角色形象创作中，才能演绎出成功的广告形象。表演意识的集中与投入就是要把自身的意识思维、感觉思维、逻辑思维、运动思维等集中与专一地投入在一个表演任务对象上，进行深层次的情感体验过程。集中和专一有两层意思，集中是把分散的、杂乱无章的、游移不定的自由思维状态排除掉，越来越接近表演任务目标，这个情感体验过程叫集中；当意识集中到只有一个念头时，这种意识状态就叫做专一，比如在意识思维里只有一个"灿烂笑"的表演目标任务进行体验，始终有意识地主动控制，中间没有走神等其他干扰，闪烁着生命火花的"灿烂笑"表情演绎就能达到极致，产生强力的艺术感染力。

另外，意识本身就是一种运动的思维，当表演的目标任务从表情转化为情绪、情节一条线发展下去，就形成了塑造人物角色的情绪与情节体验过程，这样可以帮助模特从意识集中到专一投入，连续体验广告角色创意构思的整个过程。所以广告表演练习可以从单一的表情做起，再转化为情绪，让模特体验塑造广告角色心理活动过程，沉浸于内心情感活动创作过程，再反馈到外部行为方式上，并在规定目标任务的对象上展开想象与联想，串联起一系列塑造广告角色形象的素材，把自身的表演意识全部集中，专心投入所要表达的广告角色形象的表情、情绪、情节上，最终完成广告角色的体验与塑造。

3.情绪酝酿与准备

表演情绪的酝酿与准备最关键就是要找到做"表情"的心理活动依据，没有内心情绪做铺垫的表情是没有感染力的。例如，"含情脉脉的笑"，模特就要展开想象与联想，我为什么要"含情脉脉的笑"，找到表情情绪的内心活动过程的依据，才能够引导表情进入情绪准备和酝酿，平白无故地做表情反而会影响模特情绪的专心投入，不知从何做起，而显得尴尬。所以模特要找到"含情脉脉的笑"的行动依据，行动、行为来自情绪发展过程的正确逻辑，只有在相应行为、行动中进行正确的表情情绪表达，沉浸于真情实感的表演心理活动过程的体验，才能够保证自身表演过程的真实生动。所以在单一"表情"训练时，一定要让模特做好前期情绪酝酿准备，能够更快投入所要表达的表情情绪中，让感受自然而然地在瞬间充满激情地表达出来，使"表情"表演更具有艺术感染力。

4. 表情训练内容

集中全身心意识投入表情练习中去，真实展现自然生活中的体验，在镜头前充满激情地去表达。

（1）笑：自然笑、灿烂笑、甜美笑、高雅笑、浪漫笑、傲慢笑、疯狂笑、神秘笑、豪爽笑、性感笑、优雅笑、不好意思笑、含情脉脉笑、回眸一笑。

（2）看：近看、远看、瞭望看、移动看、发现看、神秘看、偷偷看、思考看、回想看、研究看、寻找看、千言万语看、惊恐看、深情看、含情脉脉看。

（3）听：交流听、休闲听、近听、远听、深谷回响听、听雷声雨声、窃窃细语听、惊恐听、听敲门声、紧急情况听。

（4）其他表情：悠闲、随意、轻松、沉思、激动、疯狂、沮丧、恼火、烦恼、愤怒、急躁、活泼、悲伤、痛苦、呆板、心神不定、急匆匆、忧伤、狡诈、漫不经心、犹豫不决、遐想、窃喜、若有所思、惊喜、惊讶、喜出望外、无可奈何、调皮、撒娇、轻视、害怕、讨厌、痛快等。

四、影视广告情绪情节深化训练

（一）表情转化情绪情节训练

表情是情绪主观体验的外部表现模式，时刻发生在人们日常生活的情景中。笑、看、听以及其他表情都是人们日常生活工作交往不可或缺的表情，影视表演艺术与舞台表演艺术同样也包含着这些最基础的表情元素。模特通过各种接近生活常态表情元素的训练，让模特心理上能够不受任何干扰地自然投入情感，进行表达实践练习，进而从单一表情转化为一段故事情节进行设计构想创作（图4-19）。模特通过表情单词延伸出来的情绪情节设计，使表情到情绪的变化过程符合真实生活的发展逻辑规律。例如，以"不好意思笑"为情绪表演主题，首先要找到表演单词起始的依据，"不好意思笑"的前因后果，情绪起始发展过程依据找到了，模特应该从心里肯定情绪构成过程是真实可信的，符合心理活动逻辑过程的；接着模特就要进行行为方式、表情、情绪、情节、形态动作设计体验，将自己心里感受的行为活动过程真实具体地表达出来，使诸多元素的体验过程形成协调统一的、新的"自我"形象，从而建立对自我的一种新的评判和表演审美的新认可。表情、情绪、情节的深化训练为模特在广告角色塑造方面打好基础表演技能，并能理解掌握真实人物角色心理活动的一般体验过程，体现出由心而发的表情与情绪，是真实具

（a）情绪酝酿　　　　　　（b）情绪转化

图4-19　表情转化情绪情节训练

体又具有艺术表现力的，全方位掌握表情情绪表达的基础方法。

1.练习方法

从掌握单一表情转化为情绪情节心理活动过程的体验，注重让模特从外部形体动作设计、选择、安排与内部心理活动形成统一，表演过程的一举一动是由模特清晰、有意识、有控制地体现。

2.练习要求

（1）单一表情转化情绪、情节表达设计练习。

（2）情绪、情节表达过程的动态设计练习。

（3）体验情绪、情节表演的心理活动过程。

（4）建立整体形象表演真实性与艺术表现力结合练习。

（5）掌握表情、情绪、情节表演的基本方法。

（二）广告成品模仿训练

模特进行模仿练习，可以选择多种样式的广告片让模特观摩学习，以便让模特了解广告设计创意方面的最新成果，开拓模特在广告表演领域的视野，提高模特的广告表演思维境界。广告成品模仿训练样例的选择应该接近模特的年龄层次，同龄人容易在心灵上达成默契和沟通，以便模特更快投入广告角色的心理活动过程、外部行动特征和行为逻辑模仿实践练习中，尽可能地让模特正确细腻地观察广告角色表演的每个细节，使整体广告形象的"形与神"得到全面的体现。也可以采取人物形象即时模仿练习的教学方法，如熟悉的身边人、性格鲜明的人、言谈举止有特点的人等模仿练习，这种模仿练习可以活跃模特的表演思路，解放模特潜在的表演天性，调动模特广告表演学习的兴趣，同时可以使学生的观察力、理解力、感受力及注意力得到训练，在模特的想象和联想充

分发挥的同时自身表演能力也得到实践性印证，让模特在身心轻松愉悦的学习中感受艺术的表演魅力。

1.练习方法

模特需要仔细观察广告成品中的模特表现，包括动作、表情、眼神、姿态等细节，分析广告成品中模特造型与服装、场景、氛围的契合度，理解造型所传达的情感和意图。从简单的动作开始模仿，逐渐过渡到复杂的动作组合。模仿广告成品中模特的表情，理解表情与广告内容的关联性，练习眼神的表达，根据广告的情感需求，调整眼神的聚焦点和力度。模仿模特的姿态，包括站姿、坐姿、走姿等，展现不同的气质和风格。在熟练掌握模仿技巧的基础上，可以尝试将模仿的元素融入自己的表演中，形成独特的风格。

2.练习要求

（1）广告人物心理体验。

（2）行为动态的逻辑性。

（3）表情情绪的分寸把握。

（4）情节发展的节奏控制。

（5）整体形象塑造的可信度。

（6）个性与角色的融合性。

（三）主题命名式训练

主题命名式的广告小品表演，如果在比赛场合，表演者需要在现场进行抽取表演主题，然后稍作思考马上进入广告演绎，在主题要求下进行广告人物形象、行为动态、情绪情节以及心理活动过程的构思创作。这种以规定情景、情节的即时表演的教学方法，特别锻炼模特创作激情的开发，体验人物角色的精神和内心活动，迅速捕捉角色外部形态特征，体现出模特对人物角色形象神态塑造的综合表演素质。近几年来，国内外各类大型的专业模特大赛中，都有平面和立体广告表演的比赛项目，主要观察模特的综合艺术表演素质以及在艺术表演领域持续发展的可能性，一般采取抽取主题卡的形式，给予稍短时间思考后进行表演，摄像师现场进行拍摄，拍摄现场还有评委当即进行评分评价，对模特的表演进行当场评价与建议，包括广告构思创意的特点、表演技巧的优劣及需要改进的地方，评委的提示和忠告对模特以后的表演与比赛起着积极促进的作用，主题命名式训练能够锻炼模特全方位的综合表演素质和扎实的表演基本功。因此，模特平时要加强综合文化艺术素养，丰富自身的阅历、经历与生活情趣，激发自我创作的激情，能够沉着应对各种主题命题式的广告表演，做出恰当的人物角色形象塑造和行为动态，给自己多一份取胜的筹码。

1.练习方法

以多样的主题命名方式锻炼模特的即时塑造角色形象的表演能力。

2.练习要求

（1）即时创作捕捉角色形象能力。

（2）即时捕捉体验角色心理能力。

（3）即时捕捉角色行为动态能力。

（4）即时设计角色表情情绪能力。

（5）整体角色形象表演把控能力。

（6）创意特色"闪光点"能力。

第三节　时尚广告模特造型摆拍法则

　　模特在拍摄的过程中，对于一些造型的设计，姿态的变化，不知如何达到理想的构图效果，这就需要我们掌握一些基本的拍摄法则，如拍摄中常见的三角构图法则，蹲、站、坐的拍摄法则及动态连续抓拍法则等，巧妙地运用到拍摄中，可达到理想的拍摄效果。

一、三角构图拍摄法则

　　人像的拍摄是摄影中常见的拍摄题材，三角形构图是人像摄影中最为常用的构图方法，以三个视觉中心为景物的主要位置，有时候是以三点成面的几何构成来安排景物，使其在画面中形成一个稳定的三角形。这种三角形可以是正三角、斜三角、倒三角，这种构图具有安定、均衡但不失灵活的特点，所以深受摄影爱好者的青睐。同样，模特在拍照时也可以运用三角构图进行造型摆拍，利用人物主体的肢体或动作姿态来组合构成三角形，人物主体自然的动作也可以使肢体构成三角形分布的趋势，让画面的视觉重心自然的集中在三角形的区域，使位于画面主体的人物具有一种和谐的美感（图4-20）。除此之外，还需要注意以下几点：

　　（1）拍摄时两脚左右分开站立，不要合拢腿笔直站或交叉缠绕腿，这样会显得十分拘谨，两腿分开成各个角度，锐角、直角、钝角，自然又实用。

（a）三角构图造型1　　　　　（b）三角构图造型2

图4-20　三角构图造型拍摄

（2）叉腰、摸头、捂嘴等都是三角形法则标准姿势，如果觉得这些有点刻意做作，可以把手自然下垂或撩头发，同时可以利用配饰，如把一只手随意搭在包上、抬手轻扶帽檐，都是非常放松的姿势。

（3）可以借助环境让照片更生动，单站着可能会觉得单调尴尬，这时候就可以借助外力，倚靠身边的东西，如手推车、邮筒、路灯、栏杆等。

（4）斜靠会产生自然的三角形，可以一条腿站直一条腿弯曲，用腿创造一个三角形（适合穿裤子），也可以两腿交叉成X形，身体斜靠向一边。

（5）坐姿和蹲姿是最容易形成三角形的构图姿势，通常脚部、臀部、面部三点相连会形成三角形之势，要点是背一定要挺直，姿态挺拔才好看。

（6）巧用手肘、大腿做出三角角度，手脚并用在不同场景，根据情况调整，注意腰、肩颈、头一定要相应地调整角度，如转身、回眸也可以搭配其中。

二、站姿形态拍摄法则

最简单的站姿拍摄练习技巧就是给自己找一个重心，在这个重心基础上去自由发挥（图4-21），借用颈、肩膀、腰、胯、手臂、腿等部位，如可以高低肩、手前后放等设计动作。除此之外，还需要注意以下几点：

（1）能动则不静，让模特动起来，随意地走两步，漫不经心地转个圈都可以。如果是素人模特，更需要给对方指定相应的动作，才不会尴尬。

（2）人物静止的时候，最好也能尽量保持画面里有动感的元素。例如光影在人物身上的跳动，或者风吹动发丝，都是增添氛围感的小心机。

（a）模特站姿形态1　　　（b）模特站姿形态2

图4-21　模特站姿形态拍摄

（3）寻找可倚靠的墙面或物体，背靠、侧面靠、肩靠、用手撑住，稍稍变化就能变出很多动作来。

（4）增加人物与环境的互动。例如不看镜头，探身看远方，45°仰望天空，或环境与人物的虚实变化等都是凸显故事感的互动。

（5）拍摄特写，不要直愣愣地拍大头肖像，增加手部与头部的互动。两只手同时出镜时，不要太对称，可以一高一低，或者相互交叉，增加动势。

（6）如果脑子里没有很多动作，那么同样的动作，可以通过构图、景别、光位、拍摄角度的多样性，进行丰富变化。

（7）如果手里拿了产品，可以配合进行一些展示，但不要把全脸挡住，人和物是相辅相成的，模特把产品展示好，产品能衬托模特给整体加分。

（8）站着拍动作尽量不要太夸张，大气的动作就很好。

三、坐姿形态拍摄法则

坐姿拍摄会把体态拍得很明显（图4-22），无论是素人还是模特，一坐下身体就会控制不住地驼背、脖前倾，拍出来的照片会把缺点放大，所以模特在拍摄坐姿形态时要格外注意。坐下后，可以选择一个支撑点，去配合摆造型。除此之外，还可以有以下几种方式：两脚交叠一起，上半身直立，或前倾，或后仰，配合上肢造型；双腿一前一后，双腿错落开，避免遮挡、显后腿短的造型；侧坐脚往前伸，双手可交叉叠加在膝盖处，配合头部多角度造型；立腿撑地，双臂可自然下垂，配合头部多角度造型；立腿撑地，双臂抬起，双手挡眼睛、扶头、伸展开进行造型；夹腿，腿可摆正，也可倾斜、交叉造型；腿盘坐摸脚造型；立腿手搭腿造型；侧坐伸腿造型；靠后脚前伸造型；侧坐抱膝造型等。

图4-22　模特坐姿形态拍摄

四、动态连续抓拍法则

动态抓拍有时候会需要摆拍到某一瞬间，有时纯静态的摆拍出来的效果远远比不上动态抓拍来的到位。想要被抓拍的一系列动作都很完美，模特的体态和表演状态是很重要的，还需要一定的练习和表情管理。视频拍摄和动态抓拍中，模特的造型动作需要一气呵成，促成较高的出片率。引导方面，尤其强调自然不摆拍，模特在动作过程中，肢体是放松的、流动的，摄影师要注意把握和抓取模特动态肢体中的固定造型，而不是简单的动作摆拍。同时，摄影师需要对模特进行意境的引导，想象自己正在逛街，看到心仪的产品正在飞奔，马上冲过终点站在山峰最高点，迎着天空和大地，风吹动你

的肢体，想象自己是舞者，模特
通过这样一种意境的带入，会
更能理解摄影师想要表达的画面
（图4-23）。

图4-23 动态连续抓拍拍摄

本章小结

- 平面造型训练主要包括生活化
  姿态造型训练、夸张姿态造型
  训练、戏剧性姿态造型训练、
  创意性姿态造型训练、高格调姿态造型训练。
- 平面广告拍摄方法主要有摆拍、抓拍、抢拍。
- 模特在镜头里把自己各个部位最美的角度充分展示出来，在与摄影师默契合作中创作
  出有影响力的好作品。
- 广告是一门不同于纯艺术的审美艺术，其创作必须遵循品牌特质、符合产品的市场规
  律，从而更好地为人们的生活服务。
- 广告摄影通常包括主体、伴奏和背景。
- 模特在录像机前的拍摄分为两种，一种是表演过程中的摄像，另一种是表演中间的花
  絮摄像。
- 模特在表演过程中的拍摄分为三种：一是模特在表演展示服装时进行的拍摄，是对表
  演全过程的一种摄像；二是对模特所做广告片进行拍摄；三是专门对模特各种造型姿
  态进行拍摄。

思考题

1. 平面广告拍摄中的摆拍、抓拍、抢拍是如何表达的？
2. 拍摄之前，模特如何找到自己最佳的表演状态？
3. 如何将三角构图法则运用到你的拍摄当中？
4. 除了站、坐还有哪些拍摄姿态？

第五章
时尚广告策划及其幕后工作

课题名称：时尚广告策划及其幕后工作

课题内容：1. 编导与创意策划

2. 时尚广告视觉艺术要求

3. 时尚广告舞美专业要素

4. 时尚广告的局部造型艺术

5. 拍摄设备与技术幕后工作

6. 时尚广告的宣传模式设计

课题时间：32课时

教学目的：使学生能够充分理解时尚广告的策划过程，能够自主地策划一场活动

教学方式：多媒体教学

教学要求：1. 提升学生活动策划能力

2. 培养学生的实践技能

3. 使学生能够独立完成一场活动的策划

课前（后）准备：制作好教学PPT以及相应的视频

　　"策划"一词最早出现在《后汉书》中，"策"最主要的意思是指计谋、谋略；"划"指设计、筹划、谋划。策划是一种战术计划，指人们为了达成某种特定的目标，在充分调查相关环境的基础上，借助一定的科学方法和艺术形式，遵循一定的规则，为决策计划而构思、设计、制作策划方案的过程。在当代服装表演中，策划对演出活动的顺利进行起着主导性作用，幕后工作则起到辅助作用。策划和幕后工作对于一场演出活动能够圆满结束是缺一不可的。

第一节　编导与创意策划

　　在经济高速发展、大众传媒空前普及的今天，一种包罗万象的艺术形式时装广告闯进了人们的视野，它凭借缤纷的色彩与巨大的包容性打破长期单一、贫乏的审美格调，逐渐融进了人们的日常生活，成为一种大众审美新时尚。在当今社会，广告作为商业社会的产物，已经进入我们日常生活的方方面面。广告是一门劝说消费的艺术，可以通过视觉或文字进行潜移默化地渗透。但是现在的消费者已经不仅仅只在乎产品本身，他们需要紧跟时代的产品。时尚广告作为当代特有的社会产物，也是更新速度最快的广告产业。时尚广告已经脱离了传统的广告认知，"艺术化"与"视觉化"是当代时尚广告关注的核心点。

一、策划人与编导的工作任务

　　策划人与编导在时尚广告策划中的工作任务明确，各司其职，互不干涉对方工作共同完成一个完整的时尚广告。

（一）策划人在时尚广告中的工作内容

1.确定拍摄的时间及地点

　　策划人策划出完整的广告首先要确定拍摄的时间，方便所有的工作人员按照时间做出安排与相应的调整。首先需要详细列出节目的时间线，包括每个场景的开始和结束时间，以及场景之间的过渡。其次跟演职人员进行时间上的统筹协调。时间确定后，策划人要根据时尚广告的主题内容、要求以及投资的经济实力来确定拍摄的地点。首先，要确定大方向，如室内或室外，然后根据大方向确定具体的拍摄地点，要注意的是拍摄地点要与拍摄主题相匹配。当没有合适的地点选择时，可以自行设计、布置场地。室内一般选为摄影棚（图5-1）、展览馆（图5-2）等，室外一般选为景区、商业街等（图5-3）。

2.主题的确定

　　主题是时尚广告的核心。因此，主题的确定是时尚广告最重要的任务，主题确定后

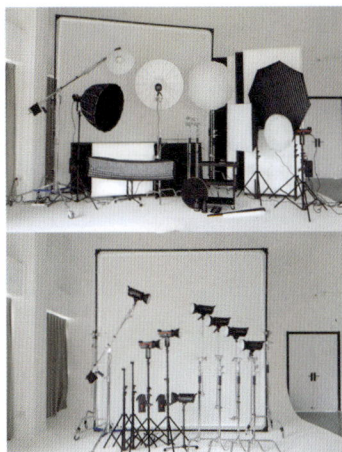

（a）白色背景摄影棚　　　　　　（b）彩色摄影棚

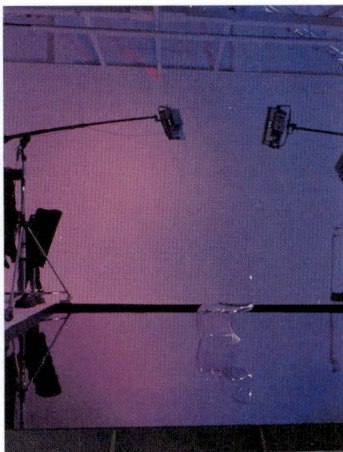

图5-1　摄影棚场景

图5-2　展览馆场景

图5-3　园林场景

图5-4　国风主题摄影图

图5-5　科技主题摄影图

才能进行后续工作，可以使整个拍摄过程更加的高效，因为后续工作都是围绕主题所展开的。主题一旦确定，广告中的音乐风格、演员类型、演员表演风格、画面设计等也会随之确定，同时也为编导确定了拍摄方向。主题一般可分为：国风主题（图5-4）、科技主题（图5-5）、赛亚朋克风主题、复古主题（图5-6）、运动风主题（图5-7）等，主要根据不同主办方的需求进行制订。

3.拍摄时长

成品广告是通过后期不断加工形成的，剪辑出来的广告会有具体的时长，在拍摄过程中也会有具体的拍摄时长。广告拍摄时长与拍摄内容和难度成正比，内容丰富、拍摄难度大所需要的时间相对较多；内容简短、拍摄难度较小所需要的时间相对较少。同时拍摄时长根据广告播放的时长而决定，播放时长较长所需要的画面内容也就较多，拍摄的素材自然而然也会较多，工作量便会增加。通常一则广告的拍摄时长为一天左右，也有半天或两三天。

4.拍摄风格

策划者应根据拍摄广告的主题、目的、场地来确定拍摄

图5-6 复古主题摄影图

图5-7 运动风主题摄影图

的风格。拍摄风格主要关系到整体的表演风格和服装风格。例如，确定拍摄主题为科技风主题，则在服装风格和表演风格的选择上均是科技风格，以此呈现出拍摄风格为科技感风格；如果拍摄主题为国风主题，则在模特的选择上会选古典类型的长相，在服装的选择上则是国风风格，包括场景的布置也应具有国风感，音乐亦是如此，以此来表现其国风的拍摄风格。

5.编导的确定

编导是整个广告拍摄的编排者、设计者和组织者，是时尚广告的重要构成因素之一，有至关重要的作用。要根据广告拍摄的类型选择相应的编导，不同编导擅长拍摄的风格均不一样，就像不同的电影导演拍摄风格不同。所以，需要根据不同的主题寻找擅长拍此类主题的编导，确定好编导后并根据实际情况来确定编导的职责。

6.拍摄过程中的接待安全

在拍摄过程中所涉及的接待工作和安全保障工作是不容忽视的。接待工作主要是接待演员，因此演员的安全至关重要，这影响拍摄的整个过程。除此之外还有工作人员的安全，可以寻找一名医生全程跟随，以防万一。确保人员的安全后还要确保拍摄过程中服装、道具的安全，重要的拍摄道具（如摄影机）出差错整个过程就全毁了。最后，也要保障工作的安全，并做好相应的安全措施。

7.经费预算

拍摄一则广告要考虑经费问题。策划人根据拍摄的场次、场地、演员数量等因素做好预算与安排。做预算时要全面考虑，不能遗漏任何一个环节。在整场演出活动中预算包括布景费用、场地租赁费、工作人员工资（编导、摄影师、助理、美术指导、服装、妆造、后期人员、安保、礼仪等）、表演人员演出费（模特、演员、群演）、推广宣传费、其他费用（餐饮、住宿、车费、服装租赁、道具租赁、器材租赁、差旅）等，根据以上费用来进行整场活动的经费预算。

（二）编导在时尚广告中的工作内容

1. 制订拍摄方案

拍摄方案主要是依据表演的类型和主办方的意图制订，拍摄方案涉及各个方面。在制订拍摄方案的时候，要注意方案应与表演目的、参与人员的能力相符。制订演出方案的同时要考虑许多细节工作，如演出时间、地点、规模，挑选服装、演员、音乐，进行表演的设计、排练的安排以及工作人员的分工、组织和协调，舞台布局，表演解说等。制订出具体的拍摄方案后还要形成文字作为具体工作的依据，这样也方便与主办方随时沟通、协商和调整。

2. 选择表演服装

选择表演服装首先应该考虑演出目的，目的不同，所选择的服装也会不同；其次是拍摄的主题，要根据不同的主题选择相应的服装；另外，还应考虑与服装搭配的鞋子和饰品等。如果拍摄主题为婚纱类广告，服装选用婚纱，鞋应选用相匹配的婚鞋，使整体搭配更加协调（图5-8）；如拍摄主题为度假类广告，在服装上选用适合度假的吊带上衣和短裤（图5-9）。总而言之，选择正确的服装是一支广告成功的因素之一。

图5-8　婚纱类广告拍摄

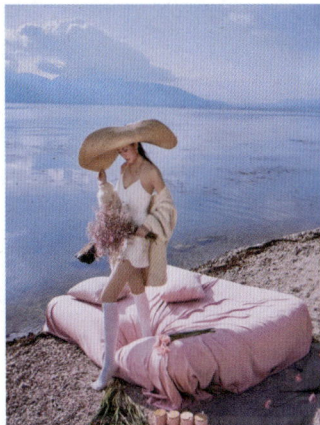

图5-9　度假类广告拍摄

3. 挑选模特

每个演员都具有其独特的内在气质和外在条件。作为编导，应该"独具慧眼"，根据服装的风格特点，挑选出最适合的演员，从而更准确地展示设计师的设计风格，使作品得到最佳诠释。女模特的类型有甜美、国风、商务、淘系、个性、素人个性、港风、御姐、校园、国风等（图5-10）。

在挑选模特的时候要注意以下几点：

（a）御姐型模特

（b）商务型模特

图5-10

（1）广告模特与品牌理念的契合：广告模特代表着品牌的整体形象，对商品推广的成功起着不可比拟的作用。广告模特的价值体现在能够树立品牌的形象，使客户更能直接地了解品牌理念，也能更好地打入客户群，使商品形象持续深入人心，留下深刻美好的口碑，使商品价值最大化，达到提升企业形象和商品销量的作用，为企业的后续发展提供坚实的基础。如拍摄主题为科技感风格时，选用模特的形象也应是偏科技感的（图5-11）。

（2）广告模特的市场影响力大：广告模特为商品形象的树立和商品营销起积极的作用，使企业在市场占有更多份额。影响力大不仅可以借助媒体的传播力度打开市场提升商品形象，还可以促使消费者进行自觉消费行为。因为影响力大就更具有观众缘，容易使商品不经意地留在消费者的记忆里，促使消费者自觉购买，达到按市场影响力预测效果。另外，在选择市场影响力大的广告模特之前，要有针对性地对商品目标对象进行系统的全面分析研究，挑选符合消费群体的心理诉求、影响力大的模特，才能达到商家投放效果。

（3）广告模特的表演技能：模特在广告商品中的表演技能，直接影响广告商品形象在市场中的竞争力。作为广告模特必须具备一定的表演基础，对广告艺术具有理解分

（c）校园型模特

（d）甜美型模特

（e）港风型模特

（f）国风型模特

图5-10　模特类型

（a）具有科技感的拍摄1

（b）具有科技感的拍摄2

图5-11　科技感主题拍摄

析能力，主动自觉了解企业文化理念对商品的影响作用，并对其商品形象的创意进行深入研究考察，对代言的广告商品形象有敏锐观察力和感悟力，强化商品广告的艺术形象，通过广告商品形象的影响力成功打开销售渠道，无愧于企业赋予广告模特诠释商品形象的重任。

4.舞台美术设计

广告拍摄的舞台美术设计是一项重要环节，根据主题对舞美进行相应的设计。在舞台美术设计方面，编导要考虑的问题包括：舞台背景、台面，周围环境的装饰，舞台造型设计要求及灯光的运用等。舞台背景的布置一般分为暖色调和冷色调（图5-12），可人工布景，也可以使用LED灯进行舞美设计。

5.选择音乐

编导的水平高低很大程度上体现在对音乐的选用上，一段好的音乐能烘托出整条广告的氛围，体现编导后期的水准。恰当的音乐会带给观众丰富的想象空间，使他们与广告中的表演产生共鸣，从而更好地呈现表演的效果。

（a）冷色调舞美设计　　（b）暖色调舞美设计

图5-12　舞美设计

6.进行表演设计

编导应该是一个精通表演艺术的行家，要对整台表演的风格、程序、各系列的表演风格、道具的运用、演员的造型等进行设计。通过精心设计，将主题构思演绎得淋漓尽致，最大限度地使观众体悟表演的内涵。

7.协调各方面的关系

一支广告需要很多工作人员，如造型师、音响师、灯光师等，这些人员的工作质量直接影响广告的效果。所以需要有一个人来协调他们之间的关系，一般来说，统筹与协调工作是由编导完成的。

总而言之，编导的工作职责就是把作品、演员、音乐和舞台美术等要素，用表演艺术和广告的创作规律组织成为一个和谐统一的整体，创作出一支具有审美价值和观赏价值的广告。

二、完整的创意策划文本

广告策划书是广告策划结果的总结，因此广告策划各个环节的内容和决策结果都要在策划书中体现出来（表5-1）。

表5-1 广告策划书

广告策划书的步骤	主要内容
前言	应简明概要地说明广告活动的时限、任务和目标，必要时还应说明广告主的营销战略。这是全部计划的摘要，目的是把广告计划的要点列出来，让企业最高层次的决策者或执行人员快速阅读和了解。如果最高层次的决策者或执行人员对策划的某一部分有疑问时，能通过翻阅该部分迅速了解细节，这部分内容不宜太长，以数百字为佳，有的广告策划书称这部分为执行摘要
市场分析	1.企业经营情况分析 2.产品分析 3.市场分析 4.消费者研究：撰写时应根据产品分析的结果，说明广告产品自身所具备的特点和优点。再根据市场分析的情况，把广告产品与市场中各种同类商品进行比较，并指出消费者的爱好和偏向。如果有可能，也可提出广告产品的改进或开发建议。有的广告策划书称这部分为情况分析，简短地叙述广告主及广告产品的历史，对产品、消费者和竞争者进行评估 5.竞争环境分析：竞争环境即同行业间的竞争状况。例如，一家手机生产企业所面对的竞争环境就是各手机生产者所形成的市场。需要注意的是，随着行业及市场环境的变化，电脑、电视机生产厂家也可能加入竞争行列。行业环境和竞争环境看似相似，其实有很大差别，主要体现在二者出发点的不同上。行业环境分析基本上是从总体的角度分析行业规模、行业利润、行业生命周期，识别行业特征，提炼行业成功因素等。竞争环境分析则以企业为出发点，分析各家同行与本企业的竞争状况，考察同行的优劣势，了解竞争对手的广告活动等
广告策略或广告重点	一般应根据产品定位和市场研究结果，阐明广告策略的重点，说明用什么方法使广告产品在消费者心目中建立深刻的印象。用什么方法刺激消费者产生购买兴趣，用什么方法改变消费者的使用习惯，使消费者选购和使用广告产品，用什么方法扩大广告产品的销售对象范围，用什么方法使消费者形成新的购买习惯。有的广告策划书在这部分内容中增设促销活动计划，写明促销活动的目的、策略和设想，也有把促销活动计划作为单独文件分别处理的
广告对象或广告诉求	主要根据产品定位和市场研究来测算出广告对象有多少人、多少户。根据人口研究结果，列出有关人口的分析数据，概述潜在消费者的需求特征和心理特征、生活方式和消费方式
广告地区或诉求地区	应确定目标市场，并说明选择此特定分布地区的理由
广告策略	要详细说明广告实施的具体细节。撰文者应把所涉及的媒体计划清晰、完整而又简短地设计出来，详细程度可根据媒体计划的复杂性而定。也可另行制订媒体策划书。一般至少应清楚地叙述所使用的媒体、使用该媒体的目的、媒体策略、媒体计划。如果选用多种媒体，则需对各类媒体的刊播及如何交叉配合加以说明

广告策划书的步骤	主要内容
广告预算及分配	要根据广告策略的内容，详细列出媒体选用情况及所需费用、每次刊播的价格，最好能制成表格，列出调研、设计、制作等费用。也有人将这部分内容列入广告预算书中专门介绍
广告效果预测	主要说明经广告客户认可，按照广告计划实施广告活动预计可达到的目标。这一目标应该和前言部分规定的目标任务相呼应。在实际撰写广告策划书时，上述部分可有增减或合并分列。如可增加公关计划、广告建议等部分，也可将最后部分改为结束语或结论，根据具体情况而定

写广告策划书一般要求简短，避免冗长。要简要、概述、分类，删除一切多余的文字，尽量避免再三再四地重复相同概念，力求简练、易读、易懂。撰写广告计划时，不要使用许多代名词。一般说来，广告策划书不要超过两万字，如果篇幅过长，可将图表及有关说明材料用附录的办法解决。

三、时尚广告的主题与形式

所谓广告主题就是一则广告要向消费者传达的主要信息或者核心概念。广告主题要突出产品或企业所能给予购买者的利益。广告主题要因不同性质的产品市场需要的变化以及消费者对象的差异而精心谋划、有所侧重。选择广告主题的方式有以下几种。

1.以产品的性质确定主题

产品都有其特定的销售对象，因此需要把不同产品的目标市场和不同消费者利益结合起来考虑。在做生产资料、工业用品和中高档耐用生活消费品的广告时，其广告主题应放在突出产品的可靠性上，其重点应是宣传产品的性能、质量、商标的权威性及售后服务（包括服务网点的多少、服务队伍的大小、服务技术的高低等）。在做日用消费品，特别是化妆品、服装和时尚产品广告时，则应以宣传产品的社会价值为主题，突出宣传使用该产品能给消费者带来什么希望和满足，获得什么新的价值标准，并引起消费者产生丰富多彩的联想，以促进和强化消费者的购买欲望。

2.以消费心理确定主题

首先要向消费者宣传产品的独特好处，避免选用竞争对手以前采用过的主题。市场上同类产品往往有很多种，如果仅仅用"物美价廉、款式新颖"一类字样来宣传本企业的产品就过于一般化。要想引起消费者的兴趣，就必须强调说明本企业的产品有什么与众不同的地方。例如，产品或者服务的那些质的特点和量的特点要在宣传中加以强调，这些特点跟消费者或者使用者有什么关系，对他们有什么益处，比竞争企业的同类产品又有什么长处等。人们常常要买的不仅仅是商品本身，而是商品给其带来的希望信念和价值标准。

3.以商标作为宣传主题

这种宣传对消费者的满足往往并非实体的满足，而是心理上、感情上的满足。商标是一个企业或一种产品的质量、特点的重要标志。每当有众多的同类产品同时出现在消费者面前，并任其选购的时候，消费者在一时还并不清楚每种产品的质量时，往往会凭着对商标的信任来选购产品。这时，商标就对产品的销售起了很重要的作用。因此，企业必须用自己的高质量去创名牌，同时也要利用广告的形式突出对本企业商标的宣传。消费者对某种产品的商标信得过了，就会形成购买习惯，并得到心理上的满足。

四、时尚广告定位与目的

广告定位的方式，由于定位指向的目标位点和受众心中位序建构的不同，可分为以下几种。

1.领导者定位

领导者定位是在受众心里位序中还没有明确的领导品牌的情况下，或者自己的品牌有一定能力和期望夺取领导位置的情况下，以广告和声势去抢占第一的位置。例如，百威啤酒是美国最畅销的啤酒之一，它在进入日本市场时，其广告当仁不让地强调品牌的领导地位："第一的啤酒——百威""我们的爱""百威是全世界最大最有名的美国啤酒""这是最出名的百威"以及"永远的可口可乐"和四川希望集团的"中国饲，百强第一"等都是直接定位在最高位置上。

2.细分定位

细分定位是在受众原有的位序序列中，分解出更细更小的类别，而后将自己定位于小类别的领导者位置上。洗发水琳琅满目，如潘婷占据了维生素的护发功能，海飞丝"去头屑"，而奥妮皂角洗发浸膏从洗发水的大类中细分出化学洗发、药物洗发、植物洗发等更小类别，即自己定位在"植物洗发"的独特位置，迅速打开了市场。

3.重组定位

重组定位是某类产品在受众心中已有一定的位序序列的情况下，对序列中位置排序状况进行适当改变的定位。这种定位方式适用于某类产品位序中位置还不稳固，或已经发生松动趋势，或自己品牌有实力能改变位序的情况下使用。

4.转类定位

转类定位是改变人们心中产品的原有类别归属，将产品转移到另一类别中并在其位序中占据一定位置的定位。一个产品有多种特征和功用，可以归入多种类别。例如营养品既可以归入保健品类，又可归入礼品类；既可归入老年类，又可归入青年少年类。转类定位就是根据特定的市场状况选择最有利的归类方向。

时尚广告的目的就是促进经济信息传播活动，通过对广告的运作传播商业信息，达到一定的经济效益，以此来增加广告的商业范畴。时尚广告在传播时尚信息的同时，又在社会热点和民俗文化的基础上，突破原有的意义，赋予新的价值。总而言之，在今日社会，时尚广告已经不仅仅是一种营销手段，已然成为一种文化形式；不仅仅只具有工具意义，还形成了一种独特的文化形态——时尚广告文化，从纯粹的商业领域进入社会的各个层面。这也直接地说明了时尚广告对社会具有强劲的穿透力，不仅影响人们的消费观念、消费行为，同时也影响着人们的价值判断。

五、时尚广告思路与执行

1.组建广告策划小组

广告策划是一种由少数专业人士进行酝酿、构思、决策的过程，一般由广告主、广告经营者双方委派人员组成，必要时还可外聘部分专家、学者。其中，广告主方面主要负责目标设置、资料提供、经费预算，并起统筹、协调作用。广告经营者方面主要负责文案创意、美工设计、媒介联络、对象选择，起筹划、构思作用；专家、学者主要发挥参谋、指导作用。组建策划小组，在大型广告运作或系列广告运作中较为常见。

2.开展调查研究

调查研究是广告运作的初始阶段，为广告策划提供线索，开启思路，是非常关键的一环，对后面的各环节工作的顺利开展起准备作用。开展调查研究前需要做好充足的准备，提前制订好调查研究的目的、内容、人群和研究方法，做好详细的调查计划，才能更有效地完成调查研究。

3.制订战略战术

调查研究之后，转入广告策划阶段。策划的基本任务就是在一定时限内形成整体的运作方案，而这一方案又是由一个个具体的战略与策略所组成的。战略要素主要包括活动主题、广告目标及广告方案的系统性等。策略一般包括六个方面，即定位策略、媒介策略、时机策略、频率策略、表现策略、促进策略。

4.广告主（广告客户）审核

将广告策划书副本提交给客户，征求其意见。客户提出修改、补充、删减意见，便据此酌情修订、完善，这个过程相对烦琐，需要反反复复地进行修改，直至客户满意。一经认可，便是整个广告活动的行动纲领，可以开始实施广告策划书的内容。

5.付诸实施

这是广告运作的中心环节。根据策划方案所确定的原则与方法，选派具体的执行人员，分步骤地加以实施，在人、财、物方面形成良性互动。实施的项目主要是指作品设计与制作、广告发布的过程，在付诸实施的过程中遇到突发情况要会随机应变，这也是考验编导的业务能力。

6.效果反馈

效果反馈是对广告活动的效果加以总结、评估，便于在发生问题时及时对策划方案作出调整，或为今后的广告运作积累经验，提供思路。当成片制作完成后需要给主办方确定，经过主办方的同意广告便可进行推广。后续也要跟进大众给予的效果进行反馈，并对其进行归纳总结，给日后其他广告的拍摄提供可行性借鉴。

第二节　时尚广告视觉艺术要求

各式各样的广告在不经意间包围了人们的生活，各种广告色彩斑斓，信息十足，在给人以视觉冲击外，还让人领略到大量的信息，其中以时尚的信息为主。时尚广告作为当代特有的社会产物，也是更新速度最快的广告产业。时尚广告已经脱离了传统的广告认知，"艺术化"与"视觉化"是当代时尚广告关注的核心点。

一、满足时尚审美的视觉艺术

广告是一种具有特殊魅力的载体，它不同于艺术作品，却又离不开艺术的元素。广告有着很强的实用功能性，因而也就有着自己特殊的艺术语言，具有相对独立的审美价值。人们的审美理念是不断变化的，这种理念随着物质生活的富裕、价值观的变化以及市场的导向不断变化。竖立在人流密集的户外广告能迅速地吸引消费者的注意力。橱窗模特、LED大屏、高速公路广告牌、塑像和海报等向消费者展示了不同的商品魅力。当人们在购买一件物品时，在功能相同的情况下，人们会选择外观好看的那一件。同样的道理，人们在观看广告时也会选择更具有美感的广告。这就是审美的需求，广告的目的就是要最大限度地提高阅读量让更多的人看到、记住、了解与购买，想要做到这一点就要具备美感，使广告做到令人赏心悦目。

二、和谐色调的时尚艺术要求

1.要根据不同的功能使用色彩

时尚广告要根据不同的功能使用不同的色彩。就户外广告而言，由于其受众是针对移动的观看者，包括行走的人及驾驶各种交通工具的人，在移动过程中移动的人不可能驻足观看，所以不可能关注到所有的细节。尤其像高速公路的广告牌，由于车辆移动速度快，车中的人观看时间较短，所以这类广告不宜烦琐，应该主题突出、简明扼要，让人一目了然，色彩搭配应以高纯度、高明度、高对比度的色彩为主，色相要明确，强烈的视觉冲击力能第一时间吸引人的注意，容易给人留下深刻的印象，从而达到广告的目的。有些广告比如报纸杂志广告、宣传单、宣传手册等，信息量大内容详细，需要人们较长时间进行阅读，此类广告应采用低纯度、低明度、低对比度的色彩进行搭配，否则容易引起视觉不适而影响广告的宣传效果。

2.利用色彩的冷暖感

色彩的冷暖感（图5-13）主要来源于人们对色彩的联想，比如红色让人联想到火，所以感觉热；而蓝色让人联想到天空，所以感觉冷。当夏天来临，人们都希望有个凉爽舒适的环境，以商场为例，如果夏天以冷色调为主，就会让顾客感到凉爽，而在冬天商场以暖色调为主则会使人感到温暖。

（a）暖色调图片　　　　（b）冷色调图片

图5-13　色彩冷暖感

三、诱惑的时尚场景艺术感

"场景"一词在《现代汉语词典》中的定义是指戏剧、电影中的场面，泛指情景。它主要源于电影制作，在特定时间、空间内发生的行动，或因人物关系构成的具体画面，这个场景倾向于行为情境或心理氛围。传统广告创意设计中，广告创意与时尚场景之间联系度不强。随着互联网的迅速发展，使消费者在市场营销中的地位也随之发生变化，在传统市场营销中占主导地位的是产品，而在当今的互联网营销中，消费者占据了主导地位。消费者营销地位的变化，也催生了场景营销的兴起，使场景搭建在广告中的作用越来越重要。

一直以来，广告行业追求覆盖率、到达率，信奉"流量为王"，但是伴随着媒介和通信技术的纵深发展，消费者的时间变得"碎片化"，注意力则"粉尘化"。这使广告即使到达消费者，要么因为当时当地没有相关需求，要么因为信息支离破碎被快速覆盖，广告效果往往不如人意。这样的广告越来越难给消费者留下深刻印象，更难刺激消费者的购买兴趣和购买行为，给广告带来了巨大的挑战。在这种大背景下，场景化应运而生。场景化不仅为传统的广告业带来了新的认识工具和思维框架，也给黯淡的线下广告传播带来一片光明。近年来，场景化迅速地成为广告界比较热门的话题之一，为众多品牌争相追逐，显示出蓬勃的生命力与可观的发展前景。

　　因此，广告的创意需要关注消费者在日常媒介使用中形成的场景，从空间、时间、主题的角度来考虑场景的生成，以及时尚场景对于消费者的诱惑。广告越具有诱惑性越能吸引消费者的目光，就越能更好地传达广告信息、更好地为广告主服务，也为消费者提供更为丰富的感官体验、精神体验和物质生活便利。

四、视觉冲击力与惊艳特色

　　视觉冲击力是体现在设计作品中的一种视觉感受。它的出发点是以大众的视觉感受为基础，对视觉元素进行巧妙编排，在与现实对接的艺术瞬间，产生特定的综合作用，唤起大众的阅读兴趣。

　　视觉传达中，色彩语言不能孤立于图形、文稿而存在。色彩是捕捉目光的第一只手，也是加强广告视觉冲击力的重要手段之一。在色彩搭配使用上，可以运用多种组合方式。比如明度对比、色相对比、补色搭配或间色搭配等，强烈的视觉刺激可以带来有效的视觉冲击力，与构图相结合的色彩可以引导视觉方向，将注意力快速转移到广告的主体物上面。在设计中，色彩也可以使画面层次得到丰富。在进行视觉冲击力设计的时候要注意以下几点。

1. 白色背景的使用

　　在追求视觉冲击力的过程中不一定是颜色越丰富越好。白色本身就是良好的视觉要素和创作空间。广告主体物可以借助白色背景的膨胀感产生向前的冲力。在局部色彩对比的情况下，白色背景又可以弱化视线，形成错落的层次感。

2. 色块的摆放

　　现今的广告中，经常出现"两种颜色为主，取其他几种色彩为辅"的设计手段。这样做的好处是可以用大色块抢先占领欣赏者的目光，再利用小部分的色彩搭配进行细节划分。在把握整体的同时注意细节处理，这样的作品显得十分细致，并且有很明确的主体性。

3. 条形的有序排列

　　条形的有序排列是形成视觉冲击的另一个方法。它的特点是活泼、动感和具有秩序性。纵向或横向的条状可以充分占据视线，引导目光交汇的同时吸引足够的注意力。而呈发散状的条形元素，能更有效地造成视觉冲击，目光随着条形组合的方向延伸，有足够的想象空间和思维空间。

4. 色彩搭配

　　色彩根据明度和纯度的不同搭配可以出现各种效果：明快、轻柔、强壮、沉闷、威严、忧郁、希望、低沉等，这些都与人们的生活心理有关。色彩经过组合与构图来获得它自己的艺术灵性。可以说，色彩赋予了形式另一种生命，另一种神情气质，和另一层存在意义。色彩也可以展示视觉上的审美印象、表达上的情感力量、结构上的象征意义，从而成为图形语言的一种。

5.广告与环境的对比

户外广告的成功很大程度上取决于色彩的选择和搭配，它正是将以上色彩特征落实到实践操作的产物。设计户外广告，应该充分考虑到广告与环境的关系。

（1）灯箱：灯箱式广告是广泛应用的一种户外广告形式。但每一个广告灯箱所处的摆放环境都有所区别，如公共汽车站、商场前、马路旁等，所以在具体操作时，就应该考虑到灯箱承载的广告本身与环境的呼应或反差。

（2）广告牌：广告牌一般都应用在店面门口或街道旁的宣传杆上，可以营造大环境中的示范对比。

良好的视觉冲击力（图5-14）是构成一部优秀的广告作品的重要组成部分，优秀的广告设计包含多种要素，如创意、符号语言、媒介的应用等都在宣传作品的过程中起着关键的作用。但是，这些要素都是以构成良好的视觉冲击力为主要出发点和落脚点的。

其次，良好的视觉冲击力能与消费者产生情感上的共鸣。实践证明，动态的广告设计相对静态的设计来说更能引起消费者的注意，在观看的瞬间就能吸引住眼球，在广告设计的引导下产生半窗的联想，从而产生情感上的共鸣。

（a）视觉冲击力的时尚广告图1　（b）视觉冲击力的时尚广告图2

图5-14　具备视觉冲击力的时尚广告图

第三节　时尚广告舞美专业要素

舞美设计即舞台美术设计，是舞台演出过程中的重要组成部分，舞美设计包括多方面内容，比如道具设计、布景、化妆、服装设计、灯光等，舞美是集多种视觉艺术形式于一身的综合性舞台艺术。在舞美设计过程中要运用多种表现形式，而且在高科技快速发展的时代，舞美设计和高科技的融合，将大大提高舞台设计效果，比如应用多媒体技术、现代化装置设备等。舞美设计是为舞台节目服务的重要环节，无论是近景、中景、远景还是灯光、道具的应用，都必须以服务舞台节目为主，创造出适合节目演出的空间形式。好的舞台设计展示的关键在于所传达的视觉信息能够拨动观者的心弦，并通过观者的联想与想象，赋予它生生不息的生命韵味。

一、人物要素

在一支完整的广告里，不仅要有主演的存在，还需要群演的配合。因此，人物要素是时尚广告舞美设计的重要组成部分之一，其主要分为主演和群演。

二、场地要素

1.室内

（1）剧院（礼堂）：剧院指特定的、由永久性的建筑体构成的表演场所，亦可作为表演场所的总称，通常指室内的表演场所（图5-15）。剧院是指专门用来表演戏剧、话剧、歌剧、歌舞、曲艺、音乐等文娱的场所。剧院结构分为舞台和观众席。剧院除了放映电影和进行演出功能之外，剧院对城市文化的传承和创新也具有推动作用。不仅丰富了市民的文化生活，还在个人成长和社会心理健康方面发挥着积极作用。

图5-15　剧院场景图

（2）电视台演播厅：演播厅是现场背景下的电视节目制作、现场导播、电视节目主持、演播厅灯光调试、现场声音录制与扩音等技能的场所。市级以上电视台都设有一定规模的演播厅，一般演播厅也可作为服装表演的场地。服装设计大赛和模特大赛的总决赛暨颁奖晚会、流行趋势发布会等适合选择电视台演播厅。

（3）展览馆或会展中心：展览馆是作为展出临时陈列品之用的公共建筑（图5-16）。按照展出的内容分综合性展览馆和专业性展览馆两类。专业性展览馆又可分为工业、农业、贸易、交通、科学技术、文化艺术等不同类型的展览馆。目前，我国一些大中城市都建有规模较大的展览馆或会展中心。展览大厅的空间较大，馆中有很多位置可作为服装表演场地。

（a）简洁风展览馆　　（b）国风展览馆

图5-16　展览馆场景图

图5-17　室内体育馆场景图

图5-18　广场图

（4）体育馆：体育馆是室内进行体育比赛、体育锻炼抑或是举办演唱会的建筑（图5-17）。体育馆按使用性质可分为比赛馆和练习馆两类，按体育项目可分为篮球馆、冰球馆、田径馆等，按体规模可分为大、中、小型，一般按观众席位划分。一般现把观众席超过8000个的称为大型体育馆，少于3000个的称为小型体育馆，介于两者之间的称为中型体育馆。有时，体育馆也作为演艺中心进行各种表演活动。对于场面大、观众多、强调热烈效果的服装表演，可以选择在体育馆举行。

（5）商场：商场指聚集在一起的各种商店组成的市场，面积较大、商品比较齐全的大商店。较大型的商场一般都有室内广场，普通商场也都设有大厅或一定的休闲空间，这些都可选作服装表演的场地（图5-18）。在商场举行的服装表演主要是商家为促销举行的一种活动，这种活动目前较为常见，可以直接为商家带来经济效益。现在，有的区域性服装设计比赛或模特比赛也有设在商场举行的。这样做一是可以提高赛事的知名度和透明度；二是可以得到商家或一些厂家的赞助。在商场举行比赛时，组织者可设计一些广告板或条幅以答谢赞助商。

2.室外

（1）体育场：体育场举行服装

表演的优点与缺点和在体育馆举行基本相同，但是受到天气的制约较大（图5-19）。

（2）商场：大型商场的室外一般都有较大的广场。广场流动人员多，服装表演选在这里进行，会对产品宣传和促销产生好的效果，很多赞助商也正是看好这一优势进行产品的宣传。

图5-19 室外体育场

（3）广场：广场是指面积广阔的场地，特指城市中的广阔场地。是城市道路枢纽，是城市中人们进行政治、经济、文化等社会活动或交通活动的空间，通常是大量人流、车流集散的场所。在广场中或其周围一般布置着重要建筑物，往往能集中表现城市的艺术面貌和特点。在城市中广场数量不多，所占面积不大，但它的地位和作用很重要，是城市规划布局的重点之一。城市的广场也可用作服装表演的场地，它的优点和缺点基本与体育场、体育馆相同。但有一个问题，就是对观众秩序的维持有一定难度，很难调控观看人数。因此，在广场进行服装表演，要事先做好多方面的准备，要规划一定的区域以便管理。

三、灯光要素

舞台灯光也叫"舞台照明"，简称"灯光"，舞台美术造型手段之一。运用舞台灯光设备（如照明灯具、幻灯、控制系统等）和技术手段，随着剧情的发展，以光色及其变化，显示环境，渲染气氛，突出中心人物，创造舞台空间感和时间感，塑造舞台演出的外部形象，并提供必要的灯光效果（如风、雨、云、水、闪电）。舞台灯光是演出空间构成的重要组成部分。可以根据情节的发展对人物以及所需的特定场景进行全方位的视觉环境的灯光设计，并且是有目的地将设计意图以视觉形象的方式再现给观众的艺术创作。应该全面、系统地考虑人物和情节的空间造型，严谨地遵循造型规律，运用好手段。

舞台灯光是利用灯光手段为舞台照明并为人物、景物造型的艺术（图5-20）。其作用是根据不同的演出要求，按照舞台美术设计的构思，运用舞台的灯光设备及技术手段配合演员表演塑造舞台上的视觉形象。灯光是一种艺术语言，具有可控性、可塑性。随着科学技术的不断进步，舞台灯光技术也在飞快发展，大量的新型灯光设备和先进技术手段被运用在舞台表演上。

舞台灯光在现代舞台演出中的作用：

（1）照亮演出环境，使观众看清演员表演和景物形象。

（2）导引观众视线。

（3）塑造人物形象，烘托情感和展现舞台幻觉。

（4）创造剧中需要的空间环境。

（5）渲染剧中气氛。

（6）显示时空转换，突出戏剧矛盾冲突和加强舞台节奏，丰富艺术感染力。

由此可知，灯光在舞美中的作用和意义不仅限于照明，更重要的是通过光色变化、亮度调节和动态效果来渲染气氛、塑造空间感、突出中心人物、增强视觉效果、推动剧情发展和提升观众参与感，从而全面提升舞蹈表演的艺术效果和观赏体验（图5-21）。

现代灯光设计可以将简练的布景赋予丰富的感情，随着剧情的进展、情境的转移、时空的更迭、矛盾的激烈冲突，都可以看到灯光在相同布景条件下产生的丰富变化，使舞台景物有了生命，更将人物的心灵世界化为有情的光、色传达给观众。灯光是舞台的灵魂，舞台灯光效果讲究现场美，让观众在剧场得到一种具有真实感的享受。

图5-20　暖光与模特

图5-21　冷光与模特

四、音乐要素

1.现场播放

现场播放是通过播放设备播放在事前录制好的音乐，这是最常见的服装表演音乐表现形式。现场播放的音乐首先要经过前期制作，编导可在专业音乐制作人的协助下完成该项工作。前期制作的音乐主要是注意音乐的过渡，一般来说，一场服装表演会用到多首背景音乐，在服装系列转换时背景音乐也应该相应切换。因此，将背景音乐刻录到一张光盘上十分必要，既省去了换碟的时间，又减小了出错的概率。另外，电脑拷贝也十分必要，可在播放设备出错时转换播放源。编导们还要注意背景音乐的时长，有些音乐本身无法达到表演的时长，就需要将音乐剪辑出希望的长度。利用专业的音乐制作软件可以实现音乐的剪辑和拼接，该项工作最好由音乐制作人员完成，可保证剪接处不留痕迹，进而保证表演的连贯。

2.现场演奏

现场演奏就是使用现场乐队为服装表演演奏背景音乐，这使音乐可以根据演出的进程临场调整，可以精确控制演出节奏和场内气氛，是一种特别好的音乐表现形式，会产生意想不到的舞台效果，其极具现场感的音乐气氛是播放录音无法达到的。现场演奏也有缺点，首先，会分散观众的注意力，一部分视觉会从服装转移到乐队身上；其次，现场演奏增加了出错的概率，风险较播放录音大；最后，预算会大幅增加。所以现场演奏虽然有很多优势，但在服装表演活动中并不常见。

五、道具要素

道具是指服装表演中模特使用的物品或在舞台上为模特表演而摆放的物品。根据道具的使用方式可分为固定道具和手持道具。

1.固定道具

固定道具是指摆放在舞台上不动的道具，通常摆在舞台上作为舞台布景的一部分。

（1）汽车：汽车是车模大赛不可缺少的道具，模特通过自己的动作、肢体语言使人与车融为一体，体现出汽车本身所特有的属性，去诠释汽车所具有的文化和技术内涵（图5-22）。

（2）桌椅：在展示一些青春休闲的服装或者校服时，也会使用桌椅作为道具，体现校园的情境。展示泳装和沙滩服时，在舞台上摆放沙滩椅，演绎海边休闲的舒适和惬意（图5-23）。

（3）其他：道具是多种多样的，在服装表演

图5-22　车模展示

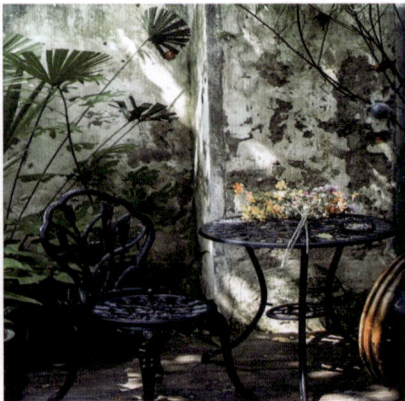

图5-23　桌椅展示

中除了上面讲到的道具外，在场地允许的条件下，可以选择任何可以表现主题的道具。例如，在2012年LV的春夏大秀和2008年Chanel的秋冬大秀中都曾以"旋转木马"为主题，两个品牌也同样都在舞台上搭建起了大型的旋转木马（图5-24）。合适的道具可以发挥其独特的作用，产生良好的舞台表演效果。

2.手持道具

手持道具也叫手执道具，是指演出时可随身携带，随模特移动的道具。

（1）手机：现在手机已经成为人们生活中衣食住行都离不开的一个电子产品，从通信到娱乐、从购物到拍照都离不开手机，随时随地拿出手机自拍已经成为一种潮流。所以，很多体现休闲随意或者度假感觉的服装表演，模特可以拿出手机边走秀边打电话或自拍。

（2）伞：伞分为太阳伞和雨伞，太阳伞又有中式油纸伞和欧式贵妇伞。一般展示中国传统服装或者具有民族特色的服装时可以使用中式油纸伞作为道具，而展示具有欧洲宫廷元素的服装时可以借助欧式贵妇伞来突出效果。一把精致的长柄雨伞曾经是英国绅士的标配，所以展示复古英伦风的服装时可以使用长柄雨伞作为道具（图5-25）。例如，2016年纽约时装周的ThomBrowne秋冬男装发布上男模手持灰色长柄雨伞，与身上的灰色西装和礼帽和谐统一。

（3）扇子：扇子是舞台表演中常用的道具，具有很强的装饰作用。扇子的种类很多，服装表演舞台上常用的主要是折扇（图5-26）和团扇（图5-27），质地有羽毛、绢、纸、竹、檀香木等。一般展示中国传统服装或者具有中国古典元素的服装时经常使用扇子。例如，2017年春

（a）傍晚旋转木马场景图

（b）白天旋转木马场景图

图5-24　旋转木马

（a）中式油纸伞

（b）长柄雨伞

图5-25　雨伞

夏巴黎时装周上Heaven Gaia 盖娅传说女装发布，服装以圆明园为整体设计的灵感来源，模特们身着精美、端庄、秀丽的，具有浓郁中国传统元素的服装，手执各种形状的团扇，风格为淡淡的水墨风，纹样元素为中国古典式的花鸟虫鱼，宁静与平和中渗透着中国传统之美。

（4）球拍：展示运动装时，模特可根据所着不同运动项目的服装选择搭配相应的球拍、球棒等物品上场。模特在行走或者定位造型时可表现运动中常见的动作。挥舞、高举球拍等可表现运动中的动态，搭在肩上或轻轻垂放在体前、体侧的地面，可表现运动中暂时的轻松与惬意。

（5）其他：展示职业装时，模特可以手拿文件夹或报纸；展示泳装时，模特可手拿沙滩排球、游泳圈或太阳镜（图5-28）；展示动感活力装时，模特可手拿滑板或颈部挂着耳麦，也可以骑着自行车或者平衡车、滑板车等；展示户外服装时，模特可以手拿着登山杖，身背登山包等。

总体来说，舞台道具的设计风格应和布景、灯光、服装的风格一致。例如，Chanel2014秋冬发布会为了配合超市主题，舞台设计成了一个超级市场，模特们提着购物袋、挽着购物筐或推着购物车，悠闲地走在秀场上。

（a）折扇为道具拍摄图1　　（b）折扇为道具拍摄图2

图5-26　折扇

（a）团扇为道具拍摄图1　　（b）团扇为道具拍摄图2

图5-27　团扇

图5-28　太阳镜为道具拍摄

第四节　时尚广告的局部造型艺术

局部肢体造型是整体姿态造型的基础。在姿态造型中，摄影师一般会根据自己要拍摄的主题内容来设计被拍摄者的整体姿态造型。当摄影师基本确定被拍摄者的整体造型取向后，就要从局部着手，围绕主题的表现要求和被拍摄者的整体统一协调每一个局部。

一、时尚妆发局部造型艺术

化妆的效果最终要在舞台灯光下检验，所以在化妆造型设计中要根据不同明度和不同的色光对化妆色彩明暗进行造型设计（图5-29）。要了解哪些情况下灯光对妆容易造成不好的视觉效果，掌握了妆发知识，就能够有效地解决问题并总结经验。因此，化妆时应对色彩做出恰当选择。

1.室外演出

在室外演出时要特别注意用色的深浅度及均匀度。粉底要薄涂，因为室外光线相对较强无需打光，使用的粉底要与肤色接近不能过白或过暗，避免妆面与颈部肤色冲突。在室外光线较强、脸上瑕疵明显时，切记不能靠化浓妆来掩饰，只要打一层很薄的粉底，突出五官和要强调具体的部位即可（图5-30）。为配合阳光，唇部化妆最适用的色彩是金、橘等与阳光近似之

（a）复古风妆发造型设计　　（b）森系妆发设计

图5-29　妆发造型设计

（a）以绿色为主的妆容设计　　（b）以银色为主的妆容设计

图5-30　室外妆发造型设计

色。化妆后要给人留下自然真实的美感。

2.室内演出

室内演出有专业的舞台、灯光。舞台灯光具有光色、光斑、光度的变化，在纷繁复杂的光影下切不可忽视灯光对模特面部所起到的作用。需要特别关注的是舞台灯光的光色对妆容的影响。色彩光学研究认为，色光作用在物体色彩上的原理是吸收与反射，红光照射在红色物体上由于呈全反射，则红色异常鲜艳；而绿色光照在红色物体上因为全吸收，则红色变得一片灰暗。为此，化妆时，用色可大胆些，眼妆可根据服装特色尽可能丰富、漂亮。眉型、眼型、唇型也可以适当矫正。彩光下的红色和自然光下的红色有很大不同，因此要慎用红色，化妆尽量少用大红成分，可用偏黄的颜色（图5-31）。

3.发型

（1）长发：长发会相对体现女性的气质与魅力。大多数服装模特都留长发，起因很简单，容易进行妆发造型增加整体美感，且能满足模特随服装风格变换发型的需要，如做束发、辫发、盘发，塑造出各种发型。可盘成发髻，可梳成马尾，还可以设计出前卫的造型，因而不少人认为长发是万能发型（图5-32）。

（2）中长发：长度介于短发、长发之间，可塑性很强。可设计出狂野或浪漫的发型，可用曲发板在发尾随意的乱夹，做出的造型外观蓬松、凌乱，也可简单的贴头皮体现干练（图5-33）。

（3）短发：时髦的短发给现在的T台带来了新的看点。不少模特都留过短发，如赵佳丽、刘雯、杜鹃等。短发发型适合有棱角的脸型，特别是小脸型。短发最大的特点就是容易打理，能做出自然大方的发型。短发发型也多种多样，既可修剪成直发型如修剪成参差不齐、不同层次的发型，也可

（a）蓝色妆容设计　　　（b）裸色系妆容设计

图5-31　室内妆容设计

 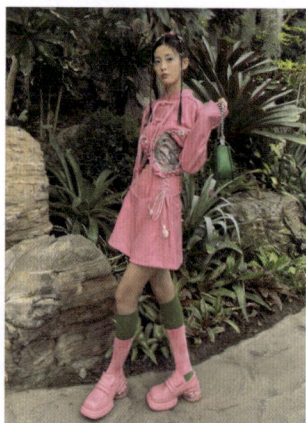

（a）低马尾长发　　　（b）拳击辫长发

图5-32　长发模特

以烫发后修剪各种短式发型（图5-34）。另外短发发型可以增加一些时尚元素，薄刘海可以做冷色系的片染，烘托出复古韵味。

二、时尚服饰局部造型艺术

时尚服饰的局部造型艺术不仅是模特对服装的简单穿着，更是一种通过模特的身体语言、姿态以及服装的细节设计，来凸显服饰独特魅力和设计师创意的过程。模特在拍摄过程中，想要展示时尚服饰的局部造型，需要模特具备敏锐的时尚洞察力、出色的身体表现力和良好的职业素养。模特通过精准把握服饰特点，深入了解所穿服饰的设计理念、材质特性、剪裁方式以及装饰细节等，运用身体语言强调服饰的局部特点。例如，当展示职业装的裤装局部设计时，模特可以通过转身、侧站或抬腿等动作来展现其独特之处（图5-35）。模特的面部表情、灯光和舞台效果也是展示服饰局部造型艺术的重要组成部分。模特的眼神可以引导观众关注服饰的特定部位，如领口、袖口或裙摆等。展示过程中，确保灯光能够准确照亮服饰的亮点部位。同时，舞台背景、音乐氛围等也应与服饰的风格和主题相协调，共同营造出一种完整的艺术效果。

三、人体局部夸张造型艺术

1.夸张变形的姿态动作造型

夸张变形的姿态造型可以体现时装设计元素的时尚创新，感悟新形态对时装理念的表达，在视觉美的表达中体现时装的形式美。因此，模特肢体语言变化的表达力尤为重要，姿态动作造型的有序与无序、分割与叠加、夸张与收缩，形成肢体形态延伸扩散的视觉效应。在时装平面广告拍摄中，不断切换各种变化丰富的姿态动作造型，在新形态创意表达中呈现时装设计思想的深刻内涵，使肢体语言张力的表达变得更有意义。

2.戏剧性姿态造型

戏剧性姿态造型能够使模特具有多种表演感觉和状态。时装本身的穿着环境和穿着情绪都有可能引申出戏剧情绪动态表达效果。戏剧性情绪动态表达更需要模特表演能力的成熟应对。

图5-33 中长发模特

图5-34 短发模特

图5-35 裤装局部展示

模特要注意观察生活情境中的表演元素并记忆储存，一个因时装特点而引发的情绪、表情都可能作为时装戏剧动态创意的表达。将真实生活中的情景经过艺术加工生动地展现出来的艺术形式（图5-36），可以增加服装的吸引力。与消费者之间既远又近的情绪互动，拉近了时装商品与消费者之间的距离。

（a）手臂与道具之间的戏剧性　　（b）身体曲线之间的戏剧性

图5-36　戏剧性姿态造型

3.创意性姿态造型

创意性姿态造型将时装创新概念体现得更为直接与纯粹。模特运用新、奇、特的姿态造型动态体现时装的超前、新颖、独特的创新。让前所未有的超然肢体造型动态体现概念性时装的新意识、新感悟、新时尚、新形态、新视角，是人们艺术审美享受的一道风景线，更是模特肢体语言表达创新的启迪与升华。

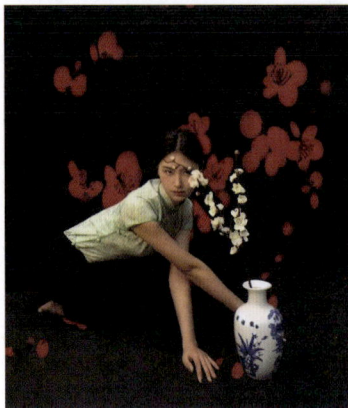

第五节　拍摄设备与技术幕后工作

生活质量的高低并不单单指物质生活水平，还应包括对精神文化生活的不懈追求。时尚广告等作品作为人们日常生活中最喜闻乐见的娱乐休闲方式，能够帮助人们增加知识，了解古今中外的文化以及体会异域风情，开阔眼界，满足精神诉求。与此同时，让人们对时尚广告的拍摄技巧和创意有了更高要求，对视频画面的寓意要求也更为严格。

一、拍摄设备的专业化准备

1.平面广告主要拍摄设备

（1）胶片：胶片相机是传统相机（图5-37），胶片相机分为单眼相机及双眼相机，在成本上，需要有购买底片、底片的冲洗费与相纸的费用。

以胶片为记录方式的摄影设备为胶片摄影机。从使用胶片相机拍电影至今也有

（a）双眼相机　　　　（b）单眼相机

图5-37　传统相机

（图片来源：尼康官网、富士官网）

100多年的历史了，胶片呈现的影像近乎完美，至今仍是其他相机记录无法超越的。胶片相机使用较难，需要专业的技术人员来进行拍摄，因此，胶片拍摄一直以来都是考核和评价摄影师专业水平和素养的标准。随着智能科技时代的发展，胶片摄影机和胶片记录的拍摄方式渐渐淡出影视广告专业制作人的视线，尽管如此胶片摄影的地位仍是无法轻易撼动的。

图5-38　数码相机
（图片来源：佳能官网）

（2）数码：数码相机（又名数字式相机，英文为Digital Camera，简称DC），是一种利用电子传感器把光学影像转换成电子数据的照相机（图5-38）。数码相机与普通照相机在胶卷上靠溴化银的化学变化来记录图像的原理不同，数码相机的传感器是一种光感应式的电荷耦合器件，或互补金属氧化物半导体（CMOS）。在图像传输到计算机以前，通常会先储存在数码存储设备中，现已很少用于数码相机设备。

2.影视广告主要拍摄设备

图5-39　数码摄像机
（图片来源：索尼官网）

（1）摄像机：摄像机种类繁多，其工作的基本原理都是一样的：把光学图像信号转变为电信号，以便于存储或者传输（图5-39）。当我们拍摄一个物体时，此物体上反射的光被摄像机镜头收集，使其聚焦在摄像器件的受光面（如摄像管的靶面）上，再通过摄像器件把光转变为电能，即得到了"视频信号"。光电信号很微弱，需通过预放电路进行放大，再经过各种电路进行处理和调整，最后得到的标准信号可以送到录像机等记录媒介上记录下来，或通过传播系统传播或送到监视器上显示出来。

图5-40　相机

（2）相机+云台：照相机简称相机（图5-40），是一种利用光学成像原理形成影像并使用底片记录影像的设备。很多可以记录影像的设备都具备照相机的特征，如医学成像设备、天文观测设备等。照相机是用于摄影的光学器械，被摄景物反射出的光线通过照相镜头（摄景物镜）和控制曝光量的快门聚焦后，被摄景物在暗箱内的感光材料上形成潜像，经冲洗处理（即显影、定影）构成x性的影像，这种技术称为摄影术。云台（图5-41）是安装和固定手机、相机、摄像机的支撑设备，分为固定和电动云台两种。云台可以任意旋转，方便使用者使用。

（3）运动相机：运动相机就是专门为运动拍摄而生的（图5-42）。在现有的拍摄条件下，像智能手机、数码相机之类的拍摄设备在许多运动环境中无法稳定工作，比如在高空或者深水环境中就无法正常地拍摄。而运动相机的出现就解决了这些烦恼，它是一种便携式的小型防尘、防震、防水相机，用户可以在一些极限运动中使用运动相机进行拍摄，例如在赛车、滑雪、冲浪等运动中，既可以保持画面清晰，又避免因抖动而模糊精彩瞬间。

图5-41　云台　　　　　图5-42　运动相机
（图片来源：大疆官网）（图片来源：大疆官网）

（4）无人机：无人机是一种由无线电遥控设备或自身程序控制装置操纵的无人驾驶飞行器（图5-43）。从技术角度定义可以分为无人直升机、无人固定翼机、无人多旋翼飞行器、无人飞艇、无人伞翼机这几大类。

3.辅助设备

图5-43　无人机
（图片来源：大疆官网）

（1）补光灯：补光灯是用来对某些由于缺乏光照度的设备或植物进行灯光补偿的一种灯具（图5-44）。人们所说的补光灯通常有三种，一种是摄像温室补光灯（也叫植物补光灯），一种是摄影补光灯（也叫摄影灯或相机补光灯），还有一种是车牌补光灯（也叫白光灯）。

（2）氛围灯：氛围灯又称为LED氛围灯（图5-45），是LED灯中一种为主题公园、酒店、家居、展会、商业进行艺术照明的完美选择，为人们生活创造所需求的氛围。

（3）闪光灯：闪光灯在很短时间内发出很强的光线，是照相感光的摄影配件

图5-44　补光灯　　　　　　　　　图5-45　氛围灯

（图5-46），多用于光线较暗的场合瞬间照明，也用于光线较亮的场合给被拍摄对象局部补光。闪光灯外形小巧，使用安全，携带方便，性能稳定。

图5-46　闪光灯
（图片来源：AMARAN官网）

图5-47　鼓风机

（4）鼓风机：鼓风机（图5-47）主要由下列六部分组成：电机、空气过滤器、鼓风机本体、空气室、底座（兼油箱）、滴油嘴。鼓风机靠汽缸内偏置的转子偏心运转，并使转子槽中的叶片之间的容积变化将空气吸入、压缩、吐出。在运转中利用鼓风机的压力差自动将润滑油送到滴油嘴，滴入汽缸内以减少摩擦及噪声，同时可保持汽缸内气体不回流，此类鼓风机又称为滑片式鼓风机。

二、拍摄艺术手法的多样性预设

1.平面广告拍摄

（1）俯拍：俯拍是一种摄影技巧，简单地说就是摄影师以一个高的角度从上往下拍摄画面，也就是说拍摄的视角在物体上方（图5-48）。

（2）仰拍：仰拍与俯拍相对，指拍摄的视角在物体下方。严格地讲甚至是正下方。当要展现被摄物体的高大时，可以采用仰拍（图5-49）。

（3）多角度抓拍：抓拍是一种摄影技巧，相对于用相机脚架拍摄或商品摄影，抓拍是捕捉目标景物"刹那即逝"的影像。抓拍指在被摄对象不知晓的情况下快速地抓取其自然、生动、最有表现力的瞬间形象（图5-50）。

图5-48　俯拍

图5-49　仰拍

（a）多角度抓拍1　　　　　　　　　　　　　　（b）多角度抓拍2

图5-50　多角度抓拍

2.影视广告拍摄

（1）升格：升格原为电影拍摄术语，指摄影机带动胶片转动的速度加快，一般摄影机带动胶片拍摄是24格／秒，升格之后比原来的正常速度提高了，也就出现了我们常见的"慢动作"。

（2）推：推是指使画面大范围连续过渡的拍摄手法。推镜头一方面把主体从环境中分离出来，另一方面提醒观者对主体或主体的某个细节特别注意。

（3）拉：拉与推正好相反，把被摄主体在画面由近向远、由局部到全体地展现出来，使主体或主体的细节渐渐变小。拉镜头强调是主体与环境的关系。

（4）横移：横移是指摄像机沿平行方向移动并同时进行拍摄。移动拍摄要求较高，在实际拍摄中需要专业设备的配合。移动拍摄可产生巡视或展示的视觉效果，如果被摄主体属于运动状态，使用移动拍摄可在画面上产生跟随的视觉效果。

（5）横摇：横摇是指摄像机的位置不动，只作角度的变化，其方向左右摇动。其目的是对被摄主体的各部位逐一展现，或展示规模，或巡视环境等。

（6）纵摇：纵摇是指摄像机的位置不动，只作长度的变化，其镜头上下摇动。其目的是对被摄主体的各部位逐一展示，或展示规模，或巡视环境等。

（7）跟随：跟随是指跟随拍摄，即摄像机始终跟随被摄主体进行拍摄，使运动的被摄主体始终在画面中。其作用是能更好地表现运动的物体。

（8）环绕：环绕指摄影机机位围绕被拍主角，并且随着机位移动，摄像机始终面对被拍主角，在方位面和俯仰面环形移动。围绕一圈是环，不足一圈是绕。

（9）升：升指摄像机上下运动进行拍摄，可以巧妙地利用前景，以加强空间深度的幻觉，产生高度感。常展现事件的规模、气势或表现处于上升或下降运动中的人物的主观视像，与推、拉、横移和变焦距镜头结合使用，能产生变化多样的视觉效果，一些宏大的场景经常使用升降镜头。

三、前期预设的构图艺术要求

1.构图要简洁

不管是什么样的场景，构图时都要主次分明，要对所有元素进行归纳提炼，突出重点使画面整洁。被拍摄的主体在画面的构图中应当明确、突出，背景是构图里最重要的一点，视觉上不能使用干扰背景，要用最简单的构成元素（包括线条、光影、色块等），解决最复杂的问题。

2.构图要连贯

构图时不仅要考虑单位镜头内兴趣点的位置，还要考虑构图兴趣点在每一个镜头上的位置都能保持在相对的位置上，这需要视觉的连贯性来实现。画面兴趣点的位置在相连的镜头上变化不能太大，否则会令观众产生不适感。

3.构图要均衡

构图均衡有两个方面：一是直观上的平衡，满足正常平衡的构图，通过位置、影调、光影、面积、动作暗示等形成；二是心理上的平衡，即构图视觉上不平衡，但由于画面的动势、方向和情节等其他因素让观众通过联想或心理补偿而实现平衡。

4.构图要预留空间

构图时要有意识地留多余的空间，不要整个画面都饱和，这样视觉上会相当不舒服。尤其是人物构图，画面的边缘不能卡在人物的肢体关节部位，以免造成视觉上的不适感。

5.构图要注意角度

在摄影创作中好的构图是找出来的。有了好的角度，就有了好的构图。在场景中处理构图的出发点不是要去摆构图，而是要去找角度。换个角度观察，会发现不一样的火花，使画面更有灵气，因此构图的关键是角度。

6.构图要注意虚实关系

画面创作要把创造时空关系放在第一位。虚实关系是表现空间和层次的重要手段之一，构图中的虚实关系，要根据气氛、场景空间特征来处理。构图中虚实关系的处理大多有两种模式：一是前景实后景虚，这样有利于突出前景的主体；二是前景虚后景实，这样有利于表现前后的纵深空间。

四、后期剪辑与制作

任何艺术都是客观存在于作者的脑海之中的，对于文学而言主要是靠文字语言将作者自身所表达的思想与美感展示出来；对于绘画而言主要通过画家自身所采用的线条以及颜色进行表达；对于广告作品而言，则主要依靠画面对观众造成冲击，从而将作者自身所表达的思想以及内容全部展示给观者，从而给予其心理上的震撼以及感动。对于广告作品剪辑工作需要遵守以下几项原则，使广告剪辑工作能够更加规范化以及科学化。

1. 后期剪辑基本原则

画面剪辑工作的基本原则是拍摄广告过程中一定要遵守的，不遵守相应的剪辑原则会使整个广告拍摄效果呈现断崖式下降，对于整个广告的效果而言产生致命性的打击。首先要遵守动接动、静接静的工作原则，此外前后两个画面之间要选择不同的景别和机位，避免画面产生较大的跳跃感，使得观众产生较大落差感。对于画面的衔接工作上，要注意不要等到画面定住之后再进行衔接，这样会使整个画面没有流畅性，使最后的预期效果大打折扣。最后就要考虑画面之间的衔接要有一定的逻辑性，画面之间如果失去了联系就会对广告的目的表达有一定的影响，会使观众在观看的过程中产生怀疑，从而降低了广告的视觉效果以及商品的销售效果。对于剪辑工作而言，尽可能多地采用短镜头，这样的剪辑手法使整个画面的跳跃性较强，使得整个画面更加具有动态的美感，最后要多采用特写以及多角度的手法或者是慢镜头的手段对影视广告中的细节进行呈现。

2. 后期剪辑中场面转换手法

一部完整的时尚广告作品往往是由多个情节段落构成的，各个情节段落及镜头之间的切换采用适当的剪辑手段会使整个影视广告的效果提升很多，其中最常用的手法之一就是蒙太奇镜头手法，每一个蒙太奇镜头的构成往往是采用多个镜头之间转换构成的，相比于一镜到底的手段，这种表现手法更加有张力，使整个镜头之间的转换更加灵活，也使整个广告的表达更加具有条理性，层次也会因此变得更加清晰。在影视广告制作的过程之中往往会涉及转场技巧，转场技巧的种类是多种多样的，根据广告剧情的需要采用相应的转场技巧，使整个广告的连贯性以及衔接性表现得更加自然。通常情况之下涉及的转场技巧有两种，一种是采用特效的手段进行转场，另一种则是采用镜头的自然过渡作为转场的手法，相较于前者而言，后者的表现手法属于无特效转场。

转场的技巧方法一般运用于广告情节段落之间的转换，它的强调重点是心理之间的隔阂性，其目的性就是使得观众在观赏影视广告的过程之中有着明显的段落感。随着社会经济发展以及科技水平的不断进步，如今的电子特效机也在影视广告的拍摄过程之中应用得越来越广泛，在这些特效转场方式之中产生很多相较于传统手段更加先进的手段，其种类也更加多样丰富，对于影视广告的表达而言起到十分重要的作用。

无技巧转场的手段是运用镜头直接进行画面之间的过渡，主要运用在两个段落之间的连接，其中最适用蒙太奇镜头段落之间的转换，与情节段落转换时强调的重点不同，这种无技巧转场手段强调视觉上的连续性，因此在实际使用过程中不是适用于所有的镜头段落之间。在使用无技巧转场手段进行镜头之间的转换的时候要考虑到镜头之间的共同因素，并且在实际运用过程之中也要考虑到实际广告的要求，将广告自身的因素也融入实际的制作剪辑过程中去，使最后的影视广告作品能够满足观众视觉上的观赏需求，也能使广告制造商将自身的广告目的以及广告意图融入最后的作品之中。

3. 创意是后期剪辑的根本

首先影视艺术是艺术表达的一种途径，相较于诗歌、文章等以文字为媒介的表达形式，影视广告采用的更多是镜头的手段将自身的艺术表现出来。因此，在对于软件工具的选择上面，熟练使用是保障最后剪辑效果良好的前提之一。随着社会的不断进步与发展，如今现代人的审美意识及审美的观点随着科技的不断进步发生着转变，广告的制作应该迎合现代人的审美观点，对于观众而言，产生对于美的向往，从而产生相应消费的冲动，推动着影视广告行业的进步与发展。现在众多的影视广告中表现出来的主要现象就是缺少创新性，随着从事广告事业的人员越来越多，对于设计师而言也逐渐提出更高的要求，除了对于设计师熟练使用制作剪辑工作外，拥有激情以及创造力是设计师的制胜之宝，如今的广告设计行业中缺乏创新性及个性，因此设计师在进行工作的过程中研究如何将自身的艺术更好地展现表达出来是设计师们需要认真研究的课题。创意才是整个广告剪辑艺术的根本，缺乏创意的作品很难称得上是一个优秀完美的作品。广告的创意设计应该围绕着商品的本身展开，通过设计师自身的创意表现使商品更加具有诱惑力，从而刺激消费者产生消费的冲动，达到广告最终的目的。在设计制作的过程中，应该充分考虑消费者自身的消费审美心理，将消费自主权交给消费者，使整个广告行业更加和谐。

4. 目前常用的专业剪辑软件

目前常用的专业剪辑软件有Final Cut Pro、Premiere CC、Edius、Vegas Pro、Avid MediaComposer，当然也有后期剪辑兼特效软件Autodesk Smoke或Autodesk Flame，其应用范围很小，基本应用在电影领域。无论用哪类剪辑软件，剪辑理念和经验都至关重要，软件只是使用工具。剪辑软件的功能区布局基本一样：素材窗口、时间线窗口、预览窗口、剪辑窗口等。基本编辑操作都涵盖素材采集、素材归类、添加到编辑轨道、剪切、删除、移动、叠化、转场特效、滤镜插件、简单调色等。这些软件都基于传统剪辑理念和思维方式来设计功能区，核心功能元素区别不会太大，只是在功能设置的侧重点上有一点点区别。

五、广告呈现的完美结果

当所有的幕后工作完成后，也不能掉以轻心，需使结果完美落幕后才能放松。幕后作为服装表演艺术的重要构成因素之一，通过调配设备、后期剪辑和拍摄手法等要素，把这些要素组织成一个和谐统一的整体，并通过不断地修改和调整，创造出一则具有审美价值和观赏价值的时尚广告。

第六节　时尚广告的宣传模式设计

随着我国居民日益增长的精神文明需求，我国的时尚广告也要及时做出调整，要在新的社会形势下创作出观众接受度更高的广告设计，转变传统的创作理念，创新创作形式。要想吸引用户目光，加大宣传力度、强化宣传效果显得很有必要。

一、传统宣传模式设计

传统宣传模式应体现企业的整体营销战略，营销战略好比是一条红线，将产品、价格、渠道、促销、公共关系等要素有机地贯穿起来，形成一颗光彩夺目的珍珠。广告作为营销战略的一种战术手段，必须能够在理念、行为、视觉、个性及持续性等具体层面上体现出营销战略。

1.在理念层面

企业的营销战略不能与企业的经营理念相违背。同样，广告作为营销战略核心理念的一种外在沟通方式，其主题、创意、表现都必须围绕这个核心理念。

2.在行为层面

正如一个人的言行体现着其素养一样，企业在研发、生产、品控、服务等各个环节的一举一动都反映着其内在精神。因此，在企业的营销战略中，应把这些行为生动有力、有章有序地展示在消费者面前，使消费者对企业和产品产生信赖感。而广告则是这些行为的重要告知途径。

3.在市场战略层面

市场战略是指企业将产品的整个市场视为一个目标市场，用单一的营销策略开拓市场，即用一种产品和一套营销方案吸引尽可能多的购买者。这个决策过程是由市场细分、目标市场选择和市场定位三个环节组成的。这三个环境是相互联系，缺一不可的。其中，市场细分是企业目标市场选择和市场定位的基础和前提。

传统宣传模式的优点是传播范围广泛、经济目的性强、持续性高。同时它也有缺点，传播价格高昂，且创意的优劣取决于成本的高低。它的传播方式是冰冷的，原因在于它的传播形式是由点到面发散式的，目的只为了将信息传递出去，而不关注受众是否对它感兴趣。传统宣传模式伴随着纸质媒介和电视媒介的兴起而发展，尤其在互联网媒体盛行之后，网络上传统的植入广告也随之发生了改变，不再拘泥于单一的固定时间和固定形式的播出。在"嫁接"网络的同时也遇到了很多挑战，传统宣传模式依托于各种媒介，经历着许多机遇与挑战。如今，互联网已经成为主流的形式，为了生存，传统广告也在努力尝试与之建立联系。在传统广告改革之时，移动终端的发展使得它们要加快转变的步伐，不断地调整自身原有的优势，顺应快节奏的播出模式和不断变化的受众审美选择。

二、新媒体宣传模式设计

现代人接收信息的方式随着生活质量的提高有了更多的要求，传播业顺应时代的发展也有了相应的变化。近年来，传统式广告的市场反馈已不再是各个企业争相报价的主流形式，更多的行业选择了新媒体的宣传方式作为传播的重要途径。

1.新媒体传播主体的专业化

新媒体传播主体是新媒体信息的传播源头。在当前的局势下，媒体组织主要指的是新型媒体和传统媒体，所以我们在对其专业化进行要求时，应该从两个方面进行。第一，新型媒体的专业化主要是从新媒体信息的审核和传播平台的构建方面进行，因为新型媒体在这两方面存在着一定的问题，需要进行专业化的解决；第二，传统媒体的专业化是要对新媒体获取方式以及编辑方式进行创新，可以借助新媒体技术来提升这两方面的专业能力，其实提高新媒体传播的专业化最直接的方式就是促进新型媒体与传统媒体的融合，在融合过程中要积极吸取对方的优点，而对存在的缺点进行剔除。

2.新媒体传播内容的精细化

在收集内容时应该对内容进行初级的判断，然后将内容转入新媒体编辑的过程中，最终制作出较为合理的新媒体内容。新媒体内容的精细化主要通过四个方面来实现。

（1）新媒体内容在制作时应该通过人机合作来进行，因为人与机器各自具有其独特的优点，其实这种合作就是新型媒体与传统媒体之间的合作。

（2）新媒体内容的来源应该进行深度处理，在新型媒体中新媒体内容的来源一般是媒体参与者通过自己的所见所闻而得到的，但是这些内容却不能直接被用于新媒体传播中，而是应该进行深度的处理。

（3）新媒体内容应该向可视化方向发展，其实新媒体内容的可视化并不是对视频和图片的传播，而是通过后期的处理让新媒体内容更加明确，以利于大众进行阅读。

（4）新媒体内容在功能上的精准化，这是对新媒体内容的实际意义以及作用的一种突出强调。

3.新媒体传播渠道的多元化

我们在对当前新媒体传播模式的问题进行分析时得出新媒体传播平台的泛滥，其实造成这种状况的原因与新媒体传播渠道的单一化有一定关系。我们知道新型媒体中为了拓展新媒体传播的业务会开设更多的传播平台，但是这样会造成新媒体信息呈现出明显的一致性，从而让大众无法从多个角度来对新媒体信息进行深入研究和判断。为了改善这样的局面，我们应该将传统媒体也加入新媒体传播的渠道中，虽然传统媒体在某些方面具有一定的劣势，但是这种多元化的传播渠道才能更加丰富新媒体内容，进而促进新媒体传播模式的构建。

4.宣传手法的多样性探索

广告宣传是一种以文化为载体的传播活动，广告宣传不仅以其特有的经济功能全面渗透于社会经济生活的方方面面，成为社会经济发展的强大驱动力，同时也以其特有的文化张力对受众和社会产生广泛而深刻的影响。广告宣传可以借助审美情趣、价值取向等文化观念着重打造具有较高的内容品质和良好的文化品位，来传达正确的立场、观点、态度。除了传统的广告宣传手法和新媒体宣传手法外，我们需要去探索宣传手法的多样性，让受众产生共鸣，同时还能起到成风化人、凝心聚力的作用。

本章小结

- 时尚广告要满足时尚审美、色调、场景和视觉冲击力的艺术要求。
- 时尚广告舞美专业要素包括：人物、场景、灯光、音乐和道具。
- 时尚广告局部造型艺术分为：妆发、服饰局部造型和人体夸张造型。
- 时尚广告的拍摄需要专业的拍摄设备、拍摄技术和高超的后期剪辑。
- 完成广告拍摄后需要进行宣传和推广。

思考题

1.除了文中提及的宣传手法，你还知道哪些宣传手法？

2.与同学合作拍摄十张广告照片。

3.与同学们分享下你印象最深的一支时尚广告。

4.自定主题制作一个广告策划书。

5.拍摄一支时长为一分钟的时尚广告，并投放互联网，总结其网络反馈。

第六章
经典案例赏析

课题名称：经典案例赏析

课题内容：1.服装表演秀场

2.平面艺术时尚广告

3.影视时尚广告

课题时间：8课时

教学目的：使学生能够充分理解服装表演与时尚广告的关系，能够自主地进行案例分析

教学方式：多媒体教学

教学要求：1.提升学生艺术审美

2.培养学生的赏析能力

3.使学生能够对自己进行合理地打造

课前（后）准备：制作好教学PPT，充分准备秀场

服装表演是时代发展的衍生品，大多数备受人们喜爱的服饰都是通过服装表演及服装展示会呈现给大众的。服装表演作为一种展现美的综合艺术，涉及了舞台表演、灯光设计、影视艺术等多个领域。服装表演不仅追求衣着华丽，还要求体现服装表演背后创新、前卫等艺术价值。

第一节　服装表演秀场

服装作为独特的艺术表现形式，无论是在外在的展示模式还是在内在的艺术气韵上，都呈现出了独特的价值和魅力。

一、时装周秀场

时装周是以服装设计师及时尚品牌最新产品发布会为核心的动态展示活动，也是聚合时尚文化产业的展示盛会，一般都在时尚文化与设计产业发达的城市举办。

全世界有多个著名的时装周（图6-1），有法国巴黎、意大利米兰、英国伦敦、美国纽约、日本东京等。在我国，2020年最具影响力的是在北京举办的中国国际时装周。此外，上海国际时装周、香港国际时装周等也享誉国内外。时装周每年一般分为2、3月的春夏和9、10月的秋冬举办，举办期间一般汇聚

（a）法国巴黎时装周　　　　（b）意大利米兰时装周

（c）英国伦敦时装周　　　　（d）美国纽约时装周

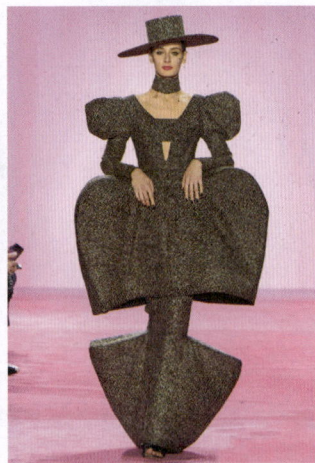

（e）日本东京时装周　　　　（f）中国国际时装周

图6-1　世界时装周

（图片来源：服装流行趋势网）

了时尚圈包括模特、设计师、名流明星、摄影师、化妆造型师、秀导、经纪人、媒体、舞美和服装模特院校等相关行业和机构，是时尚界最主要的年度盛会。

1.纽约时装周

纽约时装周（New York Fashion Week）与巴黎、米兰、伦敦时装周并称全球四大时装周，每年举办两次，2月份举办当年秋冬时装周，9月份举办次年的春夏时装周。近几年，纽约时装周一直得到梅赛德斯－奔驰汽车公司的冠名赞助，因此又被称为"梅赛德斯－奔驰纽约时装周"。1943年，由于受第二次世界大战影响，时装业内人士无法到巴黎观看法国时装秀，纽约时装周在美国应运而生。举办初期，纽约时装周以展示美国设计师的设计为主，因为他们的设计一直被专业时装报道所忽视。有趣的是，时装买家最初不被允许观看时装秀，他们只能到设计师的展示间去参观。纽约时装周逐渐取得成功，原本充斥着法国时装报道的《时尚》（Vogue）杂志也开始加大对美国时装业的报道。1993年，纽约时装周开始在纽约曼哈顿的布赖恩特公园举办，T台被安置在一个个白色帐篷内，只有受邀的买家、业内人士、媒体和各界名人方能入场。亚历山大·麦昆（Alexander McQueen）是英国高级时装品牌，由设计师亚历山大·麦昆（Lee Alexander McQueen）于1992年创立，2000年被开云集团收购。后来，开云集团任命莎拉·伯顿（Sarah Burton）为亚历山大·麦昆的创意总监。品牌在2022秋冬女装系列重返纽约举办大秀，这一系列的灵感源于"群体"的理念，以菌丝体（Mycelium）这个比人类历史更为久远的群体作为呈现载体，浪漫又黑暗的一个系列。如图6-2所示为黑色系，款式以连衣裙和裤装为主，面料大多是西装面料整体给人一种严肃的印象。如图6-3所示为彩色系，款式既有简约大气的西装干练风，又有飘逸的野逸森林风，强调浪漫。

纽约时装周对时尚界的影响力不容小觑，不仅是全球四大时装周之一，还对当地经济和文化有着深远的影响，其历史背景和文化意义也使其在全球时尚界占据重要地位。

（a）黑色系裙装

（b）黑色系套装

图6-2 品牌亚历山大·麦昆黑色系服装
（图片来源：亚历山大·麦昆官网）

（a）红色系为主的服装　　　　　　　　　　　（b）彩色系服装

图6-3　品牌亚历山大·麦昆彩色系服装
（图片来源：亚历山大·麦昆官网）

2.巴黎时装周

巴黎时装周（Paris Fashion Week）起源于1910年，由法国时装协会主办。法国时装协会成立于19世纪末，协会的最高宗旨是将巴黎作为世界时装之都的地位打造得坚如磐石。他们帮助新晋设计师入行，组织并协调巴黎时装周的日程表，务求让买手和时尚记者尽量看全每一场秀。

在米兰和伦敦的时装周相当保守，它们更喜欢本土的设计，对外来设计师的接受度并不高，使这些外来者客居的感觉强烈，而纽约时装周商业氛围又太过浓重，只有巴黎才真正在吸纳全世界的时装精英。那些来自日本、英国和比利时的殿堂级时装设计师们，几乎每一位都是通过巴黎走进了世界的视野。

一场完美的秀，需要坚定、准确地传递出品牌形象。能接到多少服装订单事小，能为公司带来真金白银的香水、化妆品、配饰销售额，以及价格相对便宜的基本款销量，才是这场短短20分钟秀的真正任务——它正为崇拜者营造一个时尚梦。纽约展示商业，米兰展示技艺，伦敦展示胆色，只有巴黎在展示梦想。

纪梵希（Givenchy）是法国的高奢时装品牌，隶属于法国LVMH集团，主营高级服装定制、成衣、鞋履、皮革制品及饰品，由于贝尔·德·纪梵希（Hubert James Taffin de Givenchy）以自己名字在1953年创立。1969年，Givenchy Gentleman产品线推出，为男士树立了时尚风向标。1988年，纪梵希品牌被LVMH集团收购。约翰·加利亚诺（John Galliano）、亚历山大·麦昆、朱利安·麦克唐纳（Julien MacDonald）、里卡多·堤西（Riccardo Tisci）和克莱尔·怀特·凯勒（Clare Waight Keller）等时尚界的设计师曾先后入职纪梵希。1952年，于贝尔·德·纪梵希创建"纪梵希工作室"（the House of Givenchy）。与此同时，将自己的第一个系列命名为Bettina Graziani。2月2日，首度在巴黎推出个人的作品发表会。在这场时装展中，他奠定了纪梵希在时装界的尊崇形象。1953年，纪梵希开始为好莱坞电影明星设计服装。1955年，纪梵希开始设计非配套穿女装，并把奥纶纤维（聚丙烯腈短纤维）引入女子高级时装。1957年，正式进军香水界。1981年，被Veuve Cliquot香槟公司收购后，母公司又与法国路易威登合并。1988年，纪梵希因为财政原因，将自己的商业转让给了LVMH集团，但自己一直担任"法国纪梵希设计室"首席设计师，直到1995年退休。1989年，推出彩妆系列Givenchy Beauty及护肤系列Swisscare for Givenchy。1995年末，英国设计师约翰·加里亚诺接替贝尔·德·纪梵希，担任"纪梵希设计室"首席设计师。为纪梵希设计的第一个系列中，他将自己的奢华晚礼服设计风格加入了纪梵希的经典设计，并为法国高级时装界注入了一种全新的竞争与创新意识。1996年10月，加里亚诺转入克里斯汀·迪奥（Christian Dior）设计室，设计师吉安费兰科·费雷（Gianfranco Ferro）接替其位置。1997年，英国设计师亚历山大·麦昆加盟。2005年，意大利设计师里卡多·堤西（Riccardo Tisci）加盟，品牌由众人印象中的赫本优雅小黑裙转变为"黑暗之王"。2017年，里卡多·堤西在掌管品牌12年后宣布离开。2020年6月，马修·威廉（Matthew M. Williams）开始担任品牌创意总监，并负责男装及女装系列的全部创意工作。

（a）纪梵希高定服装1

（b）纪梵希高定服装2

图6-4 纪梵希高定服装
（图片来源：纪梵希官网）

2022年纪梵希在巴黎时装周的一系列作品灵感来源于街头文化和纪梵希本身的风格。珍珠刺绣既出现在了牛仔裤上，也运用在礼服中。金属乐队标志、宽松牛仔裤、拖地大衣等兼具街头的酷感和洒脱，偏朋克风。如果说小黑裙代表优雅，那纪梵希就是优雅的代名词。熟悉纪梵希的朋友一定知道纪梵希小黑裙，而纪梵希2022秋冬秀场则是为死忠粉和街头风爱好者带来了双重盛宴。高定小黑裙（图6-4）在保持优雅的同时，也有叛逆和张扬的影子。珍珠也不仅仅搭配精致的裙装，而是变成更加时髦且日常的配饰。除此之外，休闲牛仔、金属元素、利落廓型等，无不彰显出纪梵希将高级定制精致手工艺融入日常造型的态度，华丽与实穿两者兼得。

巴黎时装周是四大时装周中最后一个压轴的舞台，且对全球时尚的影响最为深远。首先，它是时尚发布的重要平台，通过媒体和买手们的传播，以此影响全球的时尚潮流。其次，与其他时装周相比，巴黎时装周更加具有开放性和包容性，吸引了来自世界各地的设计师和品牌参与其中，为其提供了展示和发展的机会。

3.米兰时装周

1967年是"意大利成衣诞生"的重要年份，也是米兰作为世界性的时装之都开始崛起的一年。这一年，米兰时装周正式创立，一批冠以设计师本人名字的意大利成衣品牌应运而生。米兰时装周是国际四大著名时装周之一（四大时装周即米兰、巴黎、纽约、伦敦），在四大时装周中，米兰时装周崛起的最晚，但如今却已独占鳌头，聚集了时尚界顶尖人物。

米兰时装周有上千家专业买手，来自世界各地的专业媒体和风格潮流，这些所带来的世界性传播远非其他商业模型可以比拟的。作为世界四大时装周之一，意大利米兰时装周一直被认为是世界时装设计和消费的"晴雨表"。

SUNNEI是来自意大利米兰的时尚品牌，由Loris Messina和Simone Rizzo于2014年创立并驻扎于米兰。专注于男装和女装的成衣、鞋履及配饰设计。品牌以其精湛的意大利工艺、利落的剪裁、高品质面料，以及简约实穿等特点，吸引了大批的顾客。

SUNNEI于2014年作为一个独立男装品牌发布后，迈出的第一步即是Instagram，推动了品牌发展。同时，与不同国家的艺术家及买手店合作，线上与线下相结合，打响了品牌知名度。2018年6月，品牌首次发布了女装线。2020年7月，该品牌发布了SUNNEI Canvas系列，借用VR和CGI动画技术，由特别设计的虚拟人偶来呈现2021春夏系列，为全球合作的买手店提供了将SUNNEI签名式白色单品进行自定义的机会。

本次案例分析是SUNNEI在米兰时装周上的作品。此系列的主题是"奔跑吧色！"以奔跑的方式展示（图6-5），服装线条随着身体的运动随意摆动（图6-6），带来如春夏般强烈的动感和活力，除了廓型上的亮点之外，靓丽的配色（图6-7）为服装注入了更多的吸睛力量。

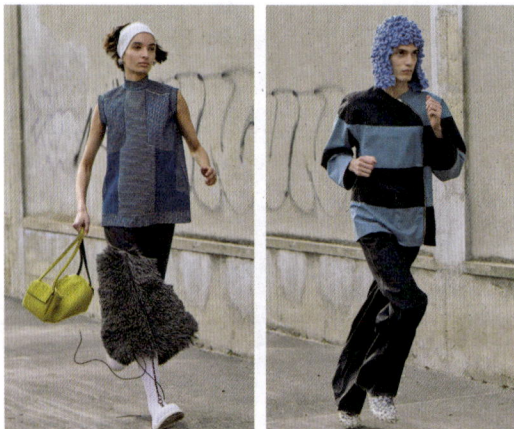

（a）模特提着包奔跑　　　　　（b）模特自由奔跑

图6-5　以奔跑的方式展示服装
（图片来源：SUNNEI官网）

（a）竖条纹跟随身体摆动	（b）服装结构线跟随身体摆动

图6-6　服装线条随着身体的运动随意摆动
（图片来源：SUNNEI官网）

（a）亮色系与黑色的对比	（b）亮色系之间的对比

图6-7　服装色彩采用靓丽的配色
（图片来源：SUNNEI官网）

米兰时装周是展示最新时尚设计的舞台，也是品牌创新设计的最佳平台。众多时尚品牌在这里发布新品，展示品牌形象和创新设计，对全球时尚走向产生深远影响。此外，米兰时装周期间还会举办各种研讨会和论坛，探讨时尚产业的最新趋势和技术应用。

二、品牌时装秀

1.迪奥2007浪漫的宫廷戏剧大秀

克里斯汀·迪奥，简称迪奥（Dior），是法国时尚消费品牌，隶属于LVMH集团。迪奥主要经营男女手袋、女装、男装、男女鞋履、首饰、香水、化妆品、童装等高档消费品。迪奥品牌是奢侈品市场的领头羊之一，其品牌影响力处于领先地位。其主要原因是品牌创始人懂女人。他认为当代女性身上是散发着自信无畏、优雅卓越的气质。因此，女性魅力与力量一直是迪奥恒久的主题，且多为赞颂多元的女性之美，歌颂女性的卓越精神，从而将其运用到时装设计中。从惊艳世人的Bar Jacket和玫瑰花再到塔罗牌元素，都是每个时代的女性钟爱的时装元素，能够将她们的多元魅力完美地展现出来，直到现在也没有改变。品牌始终坚持女性的美从来都不只有一面，她们自信成熟、坚毅果敢或优雅精致，时刻绽放专属于自己的闪耀魅力，从而备受女性欢迎。

1946年，时装设计师克里斯汀·迪奥（Christian Dior）先生在偶然的机会下巧遇商业大亨马塞勒·布萨克（Marcel Boussac），两人一拍即合于巴黎最优雅尊贵的蒙田大道（Avenue Montaigne）30号正式创建第一家个人时装店，拥有85位员工，并投入6000万法郎资金，全店装潢以迪奥先生最爱的灰白两色与法国路易十六风格为主。1947年，推出第一个服装系列——1947年春夏服装系列，以"新风貌"的风格一举震惊全球服装界。同年，以迪奥小姐（Miss Dior）命名的第一瓶香水问世，紧接着西洋景（Diorama）、Diorissimo纷纷出名。1948年，克里斯汀·迪奥（Christian Dior）香水公司成立。1949年，推出1949—1950年秋冬服装系列，8天之内，公司已接到1200多条裙装的订单。1952年，开始放松腰部曲线，提高裙子下摆。1953年，推出1953—1954年服装系列，将裙子的长度缩短到离地达40厘米。1954年，克里斯汀·迪奥在伦敦的第一家店开业。设计的收减肩部幅宽，增大裙子下摆的H型，以及同年发布的Y型、纺锤型系列。同年，推出1954—1955年秋冬服装。1955年，伊夫·圣罗兰加入克里斯汀·迪奥公司，成为迪奥先生的助手。

　　1957年，迪奥先生猝死于心脏病，伊夫圣罗兰成为迪奥先生的继承人，主管迪奥服装的设计。同年，迪奥登上美国《时代》周刊的头版。1958年，伊夫·圣罗兰成功推出了他第一个时装系列"梯形线条"（Ligne Trapeze）。1960年，马克·博昂（Marc Bohan）被选任为艺术总监。1961年，推出1961年春夏系列，好莱坞红星丽兹·泰勒（Liz Taylor）一口气订了12条裙装。1967年，推出"BABY DIOR"童装系列。1968年，为法拉笛笆（Fara Diba）女王的婚礼及加冕大典制作她本人的婚纱及其伴娘的裙装。1970年，推出男装系列。1973年，迪奥公司成立自己的美妍研发中心。1985年，"毒药（Poison）"问世。1991年，"沙丘（Dune）"问世。1995年，"黛绰维纳（DolceVita）"问世。1996年，约翰·加利亚诺（John Galliano）继詹弗兰科·费雷之后继任女装艺术总监。1997年，约翰·加利亚诺首次推出其在Dior公司的高级时装和成衣系列。1998年，迪奥高档珠宝首饰诞生。2005年，迪奥2005秋冬高级订制系列为向克里斯汀·迪奥先生致敬之作，以庆祝其百岁华诞。2007年，克里斯·万艾思（Kris Van Assche）继艾迪·斯理曼（Hedi Slimane）之后担任迪奥·桀傲（Dior Homme）的艺术总监。2009年10月2日，在法国巴黎的杜伊勒里公园（the Jardin des Tuileries）举行了2010春夏系列成衣发布。2012年4月，迪奥宣布由比利时设计师拉夫·西蒙斯（Raf Simons）出任创意总监。2013年2月23日，迪奥与I.T携手推出中国大陆的唯——家迪奥短期概念店（Pop Up Store），在I.T Beiijng Market开业。2022年4月，迪奥宣布将在首尔发布2022早秋系列。本次案例分析的是迪奥在2007年的大秀（图6-8）。迪奥2007秋冬高定系列在法国凡尔赛宫发布。T台上一张张重量级的名模脸孔，琳达（Linda）、内奥米（Naomi）、安伯（Amber）、莎洛姆（Shalom）和吉赛尔（Gisele）等世纪超模，云集在这场秀上庆祝"Dior60周年纪念"。

　　这一次，约翰·加利亚诺用华丽高贵的高定为迪奥60岁生日献上了一场瑰美的大礼。创作灵感来自20世纪上半叶的一些画作、时装插画和摄影作品等。而在这些唯美的服装背后，又隐约透出些许挽歌式的庄重气氛。加利亚诺也要用这一场秀向克里斯汀·迪奥先生、设计师史蒂芬·罗宾逊（Steven Robinson）致敬。大秀伊始，加利

（a）粉色礼服展示　　　　　　（b）杏粉色礼服展示

图6-8　迪奥2007年时装大秀

图6-9　大阔摆礼服展示

图6-10　夸张肩线的礼服展示

图6-11　冰蓝色礼服展示

图6-12　鲜橘色礼服展示

亚诺带我们回到1947年的蜂腰、大圆裙摆、极致的阔型（图6-9）。设计师用艺术化的笔调将迪奥天才般的想象力延续。黑色的套装在收紧纤腰后，胯部却陡然蓬开，象牙白色的裙装腰段之上，是飞翼般耸起的夸张肩线（图6-10），一系列黑白色系的服装，光影的流动，完美演绎出摄影中黑白的戏剧效果及即兴线条的美感。从略显苍白的粉色，到鲜艳的紫红、冰蓝（图6-11）、鲜橘（图6-12）和孔雀蓝，加利亚诺通过缎面蓬裙，紧身胸衣，马甲的丰富层次，完成了不同色彩的渐变和过渡，鲜美的手工制作立体花朵也成为衣摆上生动的点缀。色彩在加利亚诺的手中成为玩味的元素，从印象派的写意而柔和的光感，到荷兰派结合了现实主义和象征意义的巴洛克艺术风格，到前拉斐尔派强烈的构图和精彩的色彩质感，再到西班牙画派的浪漫精髓，设计师在时装铺展开的画布上挥洒得游刃有余。除了鲜明的迪奥印记，弥漫的佛朗明戈音乐可见一斑，这也是加利亚诺创作精神上的回归。

2. 盖娅传说

盖娅传说由中国服装设计师熊英女士于2013年创立，源于中国文化的当代艺术品牌。盖娅传说传承中国智慧美学，并始终致力于将原创精神转化为服饰美学文化。每一件盖娅传说的作品都选取上等的材料，精雕细琢，专注于每一个细节，呈现中国制造品质的上乘与精妙。设计理念：遵循自然之道，将生命之美与灵性智慧化于无形融于设计，寂然不动，感而遂通，如同那花间飞舞的美丽彩蝶，简约唯美，灵动无拘，融合典雅与现代，寻求生命在平衡包容中自然流露的绝尘逸世之美。在一颦一笑，衣袂生风之际，在"停、走、缓、快"与"轻舞飞扬"之间，人们听得见生旦净末丑的抑扬顿挫，看得到泼墨山水的清微淡远。以不用之用的哲思，入隐而未现的美感，诉说华夏千百年间亘古不变的璀璨文明，重现东方文化的魅力。

如图6-13、图6-14所示为盖娅传说在2022春夏时装周上的作品。本场发布会延续"乾坤·沧渊"发布会主题，从海洋过渡到陆地，以还原事物最原始的状态和自然的美感为主旨，诠释对生命的赞叹和礼敬。让每个人感受自然之美，治愈喧嚣的尘杂，诠释对生命的崇敬，让万物回归美好与纯粹。

受国风国潮的热度影响，中式元素是2022春夏系列设计中设计师们最常应用的元素，不少品牌将中式设计与西方剪裁结合，打造了系列新中式裙装。除了盖娅传说、楚和听香、成锦衣局等国风品牌外，今日青年、旗艺、熏若、中元素、LYNEE、MACKZHENG等品牌亦应用到盘扣、小立领（图6-13）、改良汉服剪裁（图6-14）等经典中式元素及结构，打造出新中式裙装，共筑国风与国潮设计风。

如图6-15所示为盖娅传说在2021—2022秋冬时装周上的作品。盖娅传说2021秋冬系列发布会以"征途"为主题，有原生的力量感，通过部落图腾的风格，描摹自然中最原始纯粹的一面。秀场以太极的舞台和八排座位设置构成了乾坤阴阳八卦图，太极阴阳的空间中，矗立十二兽首，场地穹顶设计为日晷，将时间和空间相对应。

（a）立领在服饰中的应用1　（b）立领在服饰中的应用2

图6-13　国潮服饰展示

（a）浅色系改良汉服展示　（b）红色系改良汉服展示

图6-14　改良汉服展示

（a）国风系列服饰展示1　　　（b）国风系列服饰展示2

图6-15　盖娅传说2021—2022秋冬时装周

3.李宁2018纽约时装周

1990年，李宁公司在广东三水起步，"李宁牌"运动服被选为第十一届亚运会圣火传递指定服装、中国国家代表队亚运会领奖服以及中外记者指定服装，"李宁牌"伴随亚运圣火传遍全国。1992年起，李宁连续四届奥运会成为中国奥运代表团的领奖装备赞助商。1993年，李宁公司迁址至北京。1998年，在广东佛山建成国内首家运动服装与鞋产品设计开发中心。2002年，确立全新品牌定位，提出"一切皆有可能"的品牌口号。2004年，在中国香港联交主板成功上市，是内地首家在香港上市的体育用品公司。2008年，李宁作为第二十九届北京奥运会主火炬手点燃圣火。2012年起至今，李宁公司连续成为CBA官方战略合作伙伴。2015年，李宁公司步入新一轮发展的元年，开始向"互联网＋运动生活体验"提供商的角色转变。2016年，李宁公司提出打造"李宁式体验价值"，围绕着产品体验、运动体验和购买体验提供"李宁式体验价值"。2018年，登上纽约时装周，是首个亮相该时装周的中国运动品牌。2018年，对外宣布采取"单品牌、多品类、多渠道"的发展策略。2019年，李宁集团广西供应基地正式启动，首次自建工厂涉足体育用品供应链上游。2019年，正式发布"李宁䨻"氢弹科技平台，是李宁自主科技矩阵中革命性的一环。2020年3月，李宁公司联席行政总裁钱炜提出六大战略帮助公司建立"肌肉型"企业体质，实现企业可持续发展和可持续性盈利的经营模式。2020年8月，李宁品牌三十周年主题活动"三十而立·丝路探行"在甘肃敦煌举办。2021年4月，"悟创吾意"中国李宁2021秋冬潮流发布举行。

2018年纽约时装周秀场上，李宁品牌向世界展示了中国李宁的原创态度和潮流影响力，国潮由此成为时尚圈和潮流圈炙手可热的元素（图6-16）。服装正面印花宋体字"中国李宁"（图6-17），呈田字格分布，尽显国风回潮的大势。背面印有"太极、虎、鹤"图案，虎的刚劲与鹤的柔韧结合起来，演绎了其刚柔并济的品牌精神，诠释了中国独特的传统美学精神。

（a）汉字元素在服饰中的应用　　　（b）国潮元素的流行　　　　　（a）国潮运动风展示1　　（b）国潮运动风展示2

图6-16　国潮服饰展示　　　　　　　　　　　　　　　　图6-17　李宁2018年纽约时装周服饰展示

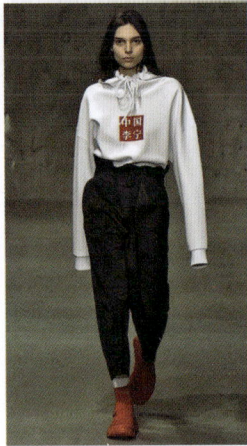

第二节　平面艺术时尚广告

在平面广告设计领域，主要依靠图像、颜色、文字的编排来完成视觉信息的传达，它们都是非常重要的视觉语言元素。时尚影像作为一种极具说服力的设计元素，在平面广告设计中扮演至关重要的角色，是其自身特有的性质使然。"一图胜千言"形容的就是影像给人们带来的直观、形象的认知感受，使所要表达的信息以最快的速度实现与受众最大限度的沟通。作为靠视觉手段为最大说服力的时尚影像广告，无疑需要借助影像的直观性以达成促进消费的目的。

一、杂志封面

1.时尚芭莎

《时尚芭莎》（图6-18）是由2002年创办的《时尚芭莎》杂志社有限公司负责经营，中国中纺集团有限公司主管、主办的杂志。该杂志于2001年得到时尚传媒集团协办，并与美国Harper's Bazaar杂志

（a）《时尚芭莎》封面图1　　　（b）《时尚芭莎》封面图2

图6-18　《时尚芭莎》封面图

进行版权合作，定位为成熟、高品位的职业女性时装杂志。在期刊市场日益激烈的竞争中，《时尚芭莎》表现突出。不仅提供最新的时尚资讯、精辟的流行趋势报道、最受关注的人物专访和女性话题，还时刻与读者分享当代女性生活的乐趣和美学，为女性读者提供自强不息、自信独立的精神力量。

杂志封面（图6-19），模特分别是欧阳娜娜和刘雯，整个拍摄的色系和色调都以中国红色为主，妆容突出唇妆和眼妆，发型都是大背头，眉型干练且浓郁，突显着中国风韵味。

时尚芭莎双人及多人的杂志封面也是别具一番风味。多人（两人及两人以上）讲究的是氛围感和双方的协作。如图6-20所示，一个看镜头，另一个不看镜头，这样会使整个画面更柔和，没有那么严肃，如果两个人都看镜头就会显得有压迫感。

（a）红色系杂志封面图1　　　　（b）红色系杂志封面图2

图6-19　红色系杂志封面图

2. VOGUE

VOGUE（图6-21）是美国康泰纳仕集团旗下一本综合性的时尚生活类杂志，创刊于1892年。VOGUE是世界上最重要的杂志品牌之一，被誉为全世界最领先的时尚杂志。其全球化的视野和宽广的角度使其在题材内容和视觉呈现上都达到了至善至美的境界。无论是时装、美容还是艺术领域，VOGUE都是引领潮流的风向标。杂志内容

图6-20　《时尚芭莎》双人封面图

（a）VOGUE杂志封面1　　　　（b）VOGUE杂志封面2

图6-21　VOGUE杂志封面

涉及时装、化妆、美容、健康、娱乐和艺术等各个方面，已在全球共计26个国家和地区出版发行。2005年9月，人民画报社与美国康泰纳仕集团在中国版权合作推出《服饰与美容VOGUE》杂志，该版本杂志也是VOGUE在全球的第16个版本。2021年，康泰纳仕集团宣布章凝成为《服饰与美容VOGUE》（图6-22）杂志的全媒体编辑总监。《服饰与美容VOGUE》整体风格是体现女性之美。如图6-23色调以黑色系为主，无论是背景的颜色还是服装又或者是妆容，随风飘动的头发，不羁的眼神，慵懒的姿态，都给人一种狂野印象，直击人心。又或者像图6-24色调以白绿为主，清新脱俗的颜色令人赏心悦目。

3. ELLE

ELLE既是一本专注于时尚、美容、生活品位的女性杂志，又是一本具有前瞻性的、可供选择的潮流出版物。通过对时尚流行趋势的精确分析、传播，使其拥有忠实的时尚读者，也使其形成独一无二的风格，赢得大众的喜爱。1945年，由Helene Lazareff在法国巴黎创立，面世后广受好评。ELLE已融入女性生活的方方面面。以时尚导向，是女性化的、现代的、积极向上、亲切的、潮流的而又充满生活气

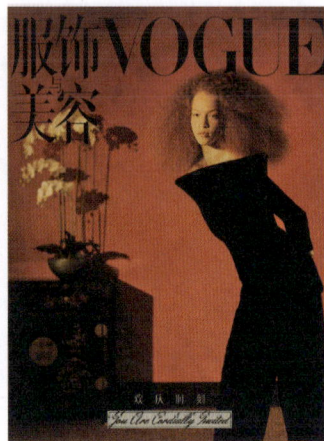

（a）《服饰与美容VOGUE》杂志封面1　（b）《服饰与美容VOGUE》杂志封面2

图6-22　《服饰与美容VOGUE》杂志封面

图6-23　异域风情杂志封面　　　图6-24　简洁风杂志封面

（a）现代风杂志封面　　　（b）优雅风杂志封面

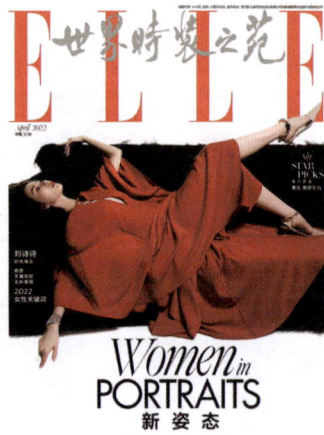

图6-25　ELLE杂志封面

（a）性感迷人杂志封面1　　（b）性感迷人杂志封面2

图6-26　性感迷人杂志封面

图6-27　模特御姐风形象　　　图6-28　模特清纯风形象

息。ELLE女性现代、朝气、优雅、活力（图6-25）、性感迷人（图6-26）、真我率性、品位高雅，她们是积极乐观的现代女性，她们相信自己有能力决定自己生活的方向，她们敏锐、富有创新意识并对新鲜事物充满着激情，年轻富有的她们向往着更高的生活品质，并敢于展示自己与众不同的风格。同时，她们是高消费一族，在经济和社会地位上的独立令她们尽情追求快乐和享受高档生活，喜欢名牌和昂贵的产品，并乐于因自己品位和女性气质而引人注目。如图6-27所示，整体塑造的是一种知性御姐风，烟熏妆大红唇，给人一种气场强大的感觉。如图6-28所示，整体塑造的是一种清纯又性感，性感取之于烟熏眼妆，清纯则取之于粉嫩的嘟嘟唇。

二、品牌

1. 缪缪

缪缪（MiuMiu）是Miuccia Prada于1992年创立的品牌。品牌率性且充满实验风格，注重优雅精致且不乏趣味，将女性气质发挥到极致。近几年，缪缪一直在探索与打破界限，将格格不入的两种风格以和谐的形式相结合，与当代年轻群体不拘一格的心态相契合。随着千禧风格的强势回归，缪缪在2022年以大胆的裁剪为学院制服注入前卫与年轻风范，超低腰的百褶裙以及量感伞裙结合轻薄的材料，搭配短上衣，打破了休闲和性感的界限，打造兼具时髦前卫的通勤造型，也为即将到来的夏天预备一份清凉的气息。如图6-29所示为2022年冬季街拍，复古优雅的同时，又大方展示自己美好的身材。

2.香奈儿

香奈儿（Chanel）是法国奢侈品品牌，由可可·香奈儿（Coco Chanel，原名Gabrielle Bonheur Chanel，中文名加布里埃·香奈儿）于1910年在法国创立，拥有时尚精品及配饰、香水彩妆及护肤品，以及腕表和高级珠宝三个大类的产品。1910年，香奈儿在康朋街21号开设了配饰店，她相继推出帽子、礼服与便装。1914年，香奈儿开设了两家时装店，品牌"Chanel"宣告正式诞生。1924年，香奈儿推出了第一个化妆品系列。1978年，香奈儿推出首个成衣系列。香奈儿的精神内核不仅仅是"华贵"和"好看"，更多的是自信、独立和自由。图6-30是香奈儿2023高定时装秀场外的香奈儿女孩们，他们全身穿着香奈儿的服饰，从服装、墨镜、项链、包包乃至于鞋，均出自品牌香奈儿，而被街拍的女孩们脸上均露出自信的笑容，展现自由的气质。

（a）缪缪街拍1　　　　　　　　　（b）缪缪街拍2

图6-29　品牌缪缪

（a）香奈儿2023高定街拍1　　　　（b）香奈儿2023高定街拍2

图6-30　品牌香奈儿

三、另类平面广告

在当今社会，广告作为商业社会的产物，已经浸润到我们日常生活的方方面面。广告是一门劝说消费的艺术，可以通过视觉或文字进行潜移默化的渗透。但是现在的消费者已经不仅仅只在乎产品本身，他们需要紧跟时代的产品，在日常生活中，时尚品牌广告的更新速度最快也是最能引起话题的一种消费产品广告，便出现了一种另类的平面广告形式。它相较于传统的时尚广告更具有夸张性。

如图6-31所示，古驰推出Gucci Valigeria旅行世界广告大片之外出探险的启程、旅程和历程。旅行箱是收纳旅行装备的重要工具。该平面广告穿越时空限制，旅行箱包成为

图6-31 古驰旅行包时尚平面广告
（图片来源：古驰官网）

图6-32 小面积三角形拍照法则

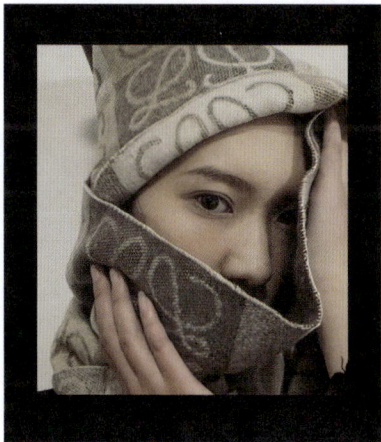

图6-33 大面积三角形拍照法则

全新广告形象大片的主角，包括拉杆箱、旅行包、行李箱、帽子盒、化妆包等。模特推着各式各样的旅行箱包行走在海边，哪怕受着海水的阻力也不间断地前行。这些凝聚旅行精神的全新创作赋予如梦般的叙事，也让它们成为承载梦想的最佳载体。引领着人们进入未知世界的探索之旅。

四、学生作品案例

下面我们来进行学生案例分析。在给学生布置作业的时候我们分为三个部分，分别是：单人拍摄、双人拍摄、多人拍摄。单人拍摄主要在于手部和上半身的曲线的搭配。例如拍摄大头照（肩颈至头部）时主要依靠的便是手部和面部表情来呈现拍摄的主题。如图6-32所示，通过四指重叠摆出菱形，遮挡眼部，镂空的小菱形露出一只眼睛，小手臂微抬，与大手臂呈现出一个三角形，符合拍照三角形法则。利用黄蓝对比色的搭配，手戴黄色手套，外穿蓝色外套，这样的色彩的搭配来给人一种视觉的冲击感。

图6-33与图6-32有异曲同工之处，也采用了拍照三角形法则，不同之处便是色彩搭配采用了同色系。手部造型换成捂脸，五官留白空间更多，更多的是利用道具围巾来进行姿态造型的摆拍。

除了大头照外，为了符合拍摄主题我们还依靠上半身的曲线来进行的拍摄。模特可以利用身体摆出C字造型或者利用手臂线条摆出C字造型（图6-34），再根据服装和背景的衬托来反映主题。

双人和多人搭配注重的是模特的协调感、默契感和融合感，这需要模特们自身去感受和相互协调。如图6-35所示，女模特轻微借势倚靠在男模特身上，男模特配合女模特摆出相似的造

图6-34　C字造型三角拍照法则

（a）异性搭档拍摄　　　　（b）同性搭档拍摄

图6-35　双人搭配拍摄

型。多人造型更要注重整体的画面感，在服装、妆发、造型、道具等选择上也要更加统一。如图6-36所示为五人拍摄，服装都采用黑色，妆发都采用披肩发加淡妆，给人一种舒心的感觉。而图6-37则采用的对比色和邻近色来进行协调。服装黑白为对比色，红橙为邻近色，服装的风格都为国风。

图6-36　黑白色调多人搭配拍摄

图6-37　暖色调多人搭配拍摄

第三节　影视时尚广告

　　21世纪是新媒体的时代，随着互联网的高速发展和手机媒体的广泛应用，影视广告越来越重视视觉审美的日常化以及平民化，可以积极地刺激消费者将购买欲望切实转化为购买行为。所以时尚品牌开始将影视广告铺天盖地引入我们的生活。展现在作为消费者也作为接受者的大众面前，这种虚拟场景可以激起大众的自我满足的欲望，从而转化成购买力。

　　大众具备审美能力的前提就是内心对于美的需求的渴望，转而体现在对于现实生活中实体的需求上，不仅要求商品本身具有美感，更要求在推销商品的过程中满足人们对艺术和审美的需要，赋予产品丰富的思想、复杂的情感等信息，同时以艺术与美的方式包装产品。只有以审美的眼光与表现形式描述现实生活，才能具备审美价值，实现广告的意图。

一、影视剧时尚广告

如今影视广告业发展迅猛，已成为中国广告界一股势头强劲的力量。其运用电影和电视的制作手法，使广告的呈现更加艺术化。唯美的画面、动听的音乐、时尚的语言等通过镜头的完美展现，带给观众赏心悦目的视觉享受。随之，影视广告更植入人们生活的方方面面，它不仅成为人们茶余饭后津津乐道的话题，还逐步建构起现代人的现代或后现代的消费观。

近年来，国内的视频网站发展态势迅猛，爱奇艺、腾讯、优酷等视频网站正处于激烈的博弈之中。在影视剧作品中，广告是电视剧生存的重要资金来源。在影视剧中或剧尾插播广告的传统方式使受众产生了"广告抗体"，他们有意识地通过各种手段逃避广告。这也印证了广告大师约翰·沃纳梅克的一句话："我知道我的广告费有一半浪费了，但遗憾的是，我不知道是哪一半被浪费了。"广告主开始把他们的目光从传统的商业硬广告转向了价格相对低廉、效果更好的植入式广告，推广的渠道也更广，如抖音、小红书、快手等网络潮流APP。各大网络博主通过拍摄短视频对时尚品牌进行宣传打广告，短视频可以是时尚风也可以是搞笑风格或者其他风格等。如博主号三金七七，这个博主号里面的视频都是写好脚本然后视频中间插入广告。

二、时尚广告宣传片

何谓时尚？"时"代表时代、当下之意，"尚"代表崇尚，因此，"时尚"可以解释为一个时代所崇尚的某种产品、习俗、风格、音乐或者文化。时尚广告的最重要条件就是运用最具时代感的视觉性语言，借助特定的形象或者外形来传递相应的信息，让消费者成为其特定的商品流向方。可以说正是因为时尚和广告的双重语言让时尚广告成为广告类别里最具视觉化的一种广告品类。

时尚广告片是信息高度集中、高度浓缩的节目，是视听兼备、声画统一的一种广告形式。广告片兼有报纸、广播和电影的视听特色，以声、像、色兼备，听、视、读并举，生动活泼的特点成为最现代化也最引人注目的广告形式。时尚品牌也会跟各种潮流达人合作进行宣传。例如，小红书超高人气博主通过拍摄简短的视频对时尚产品进行宣传。

三、影视中的亚文化时尚广告

大卫雷斯曼在20世纪50年代提出关于亚文化的相关概念，归纳了有关大众文化与亚文化之间的区分，并将亚文化总结定义为积极追求小众的风格。20世纪五六十年代，彼时战后萧条的英国充斥着美国的流行文化，使服饰的发展越发受到重视，时尚和服饰经历了巨大的变化，如泰迪男孩、爱德华式的花花公子、光头党、摩斯族、嬉皮士和朋克等次文化团体在西方国家崛起，这些次文化团体所固有的一个显著特征便是受当时的政治、经济以及文化的作用，以独特的风格与形式来表达对主流秩序的抵抗，从而给社会包括时尚领域带来极大的影响。他们在时尚历史的更迭与发展中凭借着其独特的风格、价值与观念等，通过颠覆性的言谈举止始终区别于主流文化。现如今不少影视剧中也有涉及许多亚文化的时尚广告。

四、时尚主题的影视剧

影视作品具有大众性和传播的独特性，因此拥有非常广泛的受众群体。人们的审美、对时尚的理解是可以被影响的。通过影片，剧中人物的衣着、爱好或行为方式可以进行暗示，引起观众有意或无意地效仿，甚至可以在短期内扩大到相当数量的人群，达到狂热的地步。当影视作品中出现或漂亮，或美丽，或潇洒等各种服饰造型时，观众就会不自觉地进行模仿，哪怕是非常细微的细节之处。

影片《穿普拉达的女王》是根据劳伦·魏丝伯格（Lauren Weisberger）的同名小说改编而成，由大卫·弗兰科尔执导，梅丽尔·斯特里普，安妮·海瑟薇和艾米莉·布朗特联袂出演。影片讲述一个刚离开校门的女大学生，进入了一家顶级时尚杂志社当主编助理的故事，她从初入职场的迷惑到从自身出发寻找问题的根源，最后成了一个出色的职场与时尚的达人。影片中也涉及大量的时尚穿搭。主要以安妮·海瑟薇为主线进行一个穿搭设计，对品牌进行一个推广。

如图6-38所示，一套象牙白安哥拉毛大衣，搭配一顶白灰格子毛呢八角帽，脚穿一双雾霾蓝高跟鞋，像极了美丽动人的冰雪女王。再如图6-39所示，这套穿搭，缪缪和香奈儿的重叠简直是巅峰。缪缪的白色长袖衬衫外加一件香奈儿的一

图6-38 白色系搭配

图6-39 深色系搭配

字肩羊毛衫，头戴一顶香奈儿的报童帽，搭配一条香奈儿的项链简直是神来之笔。如图6-40所示，这套穿搭则注重首尾呼应，上下内搭全是深黑色系，外搭一件棕色皮夹克，下穿一双棕色骑士靴；如图6-41所示的搭配，也有异曲同工之处。

影视剧与时尚未来的联系将更为密切，时尚艺术性与影视剧情的贴合也将趋于成熟，通过影视剧所传达的时尚讯息将更加贴合观众的审美需求。时尚主题的影视剧把时尚产品直观艺术地展现到观众面前，同时可以使产品的文化气息通过剧情传递给观众。

图6-40　棕色系搭配

图6-41　黑色系搭配

本章小结

- 服装表演秀场分为：时装周秀场、行为艺术秀场和品牌时装秀场。
- 平面时尚广告分为：杂志封面、品牌LookLook以及另类平面广告。
- 服装表演在生活中无处不在，是能够使大众最直观感受到美的艺术。
- "时尚"可以解释为一个时代所崇尚的某种产品、习俗、风格、音乐或者文化。

思考题

1.学生拍摄一组合格的九宫格单人照片。

2.学生拍摄一组（4张及以上）合格的多人（两人及以上）照片。

3.学生拍摄一组（4张及以上）合格的时尚杂志封面图。

4.学生对自己进行穿搭分析，撰写一份穿搭报告。

第七章
"我"与服装表演
（采访式问答）

扫码可见具体内容

参考文献

1. 普通图书

[1] Plate, Liedeke, Anneke Smelik, et al. Performing memory in art and popular culture [M] . London: Routledge, 2013.

[2] Taylor D. The archive and the repertoire: Performing cultural memory in the Americas [M] . Durham: Duke University Press, 2003.

[3] Seymour S. Fashionable technology: The intersection of design, fashion, science, and technology [M] . New York: Springer, 2008.

[4] Stedman G. Cultural exchange in seventeenth-century France and England [M] . London: Routledge, 2016.

[5] Diehl, Mary Ellen. How to Produce a Fashion Show [M] . New York: Fairchild, 1976.

[6] Goldberg, Rosa Lee. Performance: From Futurism to the Present [M] . London: Thames and Hudson, 2001.

[7] Wacquant L J D. Body & soul: Notebooks of an apprentice boxer [M] . Oxford: Oxford University Press, 2004.

[8] Davis F. Fashion, culture, and identity [M] . Chicago: University of Chicago Press, 1994.

[9] Sheridan J. Fashion, media, promotion: The new black magic [M] . Hoboken: John Wiley & Sons, 2013.

[10] Warner H. Fashion on television: Identity and celebrity culture [M] . London: A&C Black, 2014.

[11] McRobbie A. British fashion design: Rag trade or image industry? [M] . London: Routledge, 2003.

[12] Bell V. Interrogating incest: Feminism, Foucault, and the law [M] . London: Taylor & Francis, 1993.

[13] Holland P. Picturing childhood: The myth of the child in popular imagery [M] . London: IB Tauris, 2004.

[14] Rush M, Paul C. New media in late 20th-century art [M] . Thames & Hudson, 1999.

[15] 朱焕良 . 服装表演策划与编导 [M] . 北京: 中国纺织出版社，2014.

［16］刘元杰.服装表演基础·策划编导·舞美灯光［M］.上海：东华大学出版社，2019.

［17］霍美霖.服装表演策划与编导［M］.3版.北京：中国纺织出版社，2018.

［18］关洁，等.服装表演组织与编导［M］.北京：中国纺织出版社，2015.

［19］周伟.广告秀：一百年中的经典时尚［M］.北京：光明日报出版社，2005.

［20］何修猛.现代广告学［M］.8版.上海：复旦大学出版社，2016.

［21］王梅芳.时尚传播与社会发展［M］.上海：上海人民出版社，2015.

［22］顾筱君.时尚化妆教程［M］.北京：中国传媒大学出版社，2018.

［23］张西蒙，张丹纳.广告摄影［M］.3版.北京：中国轻工业出版社，2019.

［24］崔承诚.摄影必修课光线与色彩［M］.杭州：浙江摄影出版社，2019.

［25］王真.摄影技术教程［M］.北京：中国国际广播出版社，2017.

［26］李光，栾涛，罗晓琳.数字摄影与影像［M］.北京：中国纺织出版社，2021.

［27］霍美霖.服装表演基础［M］.2版.北京：中国纺织出版社，2018.

［28］周晓鸣.模特表演技巧［M］.北京：化学工业出版社，2016.

［29］金润姬，辛以璐，李笑南.服装表演训练教程1［M］.北京：中国纺织出版社，2016.

［30］李玮琦，宋松，高洁.模特心理学［M］.北京：中国纺织出版社，2018.

［31］吴志琴.时装表演与广告表演基础［M］.北京：中国纺织出版社，2016.

［32］李玮琦，陈继鹏，高洁.模特形体训练［M］.北京：中国纺织出版社，2018.

［33］于捷.模特上镜训练教程［M］.北京：中国纺织出版社有限公司，2020.

［34］刘元杰.模特艺术表现［M］.北京：化学工业出版社，2015.

2.论文集、会议录

［1］杨雪团.全民摄影时代摄影艺术的美学转向［C］//"媒介视域下的艺术变迁"学术研讨会暨2020中国艺术学理论学会年会论文集.2020：704-709.

［2］唐家兴.产学研教学促进编导专业应用型人才培养探究［C］//中国管理科学研究院教育科学研究所.2021教育科学网络研讨年会论文集（下）.2021：95-97.

［3］王雨凌.网络广告传播的互动策略探讨［C］//中国智慧工程研究会智能学习与创新研究工作委员会.2022社会发展论坛（昆明论坛）论文集.2022：557-560.

［4］宁宇时，刘一诺.广告设计视觉语言的情感化研究［C］//中共沈阳市委，沈阳市人民政府.第十七届沈阳科学学术年会论文集.2020：688-691.

3. 期刊中析出的文献

[1] Duggan G G. The greatest show on earth: A look at contemporary fashion shows and their relationship to performance art [J] . Fashion Theory, 2001, 5(3): 243-270.

[2] Smelik A M, Kaiser S B. Performing fashion [J] . Critical Studies in Fashion and Beauty, 2020, 11: 117-128.

[3] Mears A. Discipline of the catwalk: Gender, power and uncertainty in fashion modeling [J] . Ethnography, 2008, 9(4): 429-456.

[4] Kaiser S B, McCullough S R. Entangling the fashion subject through the African diaspora: From not to (k) not in fashion theory [J] . Fashion theory, 2010, 14(3): 361-386.

[5] Germann F, Garvey A M. It's Gotta Be the Shoes! Performance Enhancement Effects of Novel Brand Advertising [J] . Journal of Advertising, 2022, 51(4): 469-485.

[6] McCartney N, Tynan J. Fashioning contemporary art: a new interdisciplinary aesthetics in art-design collaborations [J] . Journal of Visual Art Practice, 2021, 20(1-2): 143-162.

[7] Smelik A M, Kaiser S B. Performing fashion [J] . Critical Studies in Fashion and Beauty, 2020, 11: 117-128.

[8] Owens C. The Discourse of Others: Feminists and Postmodernism'in Foster, H [J] . Postmodern Culture, 1985.

[9] Russon M A. Global Fashion Industry Facing a 'Nightmare [J] . BBC News, 2020.

[10] Kim S B. Is fashion art? [J] . Fashion Theory, 1998, 2(1): 51-71.

[11] Murray-Leslie A. Fashion acoustics: Synthesizing wearable electronics and digital musical instruments for performance [J] . Critical Studies in Fashion & Beauty, 2014, 5(1).

[12] Kaiser S. Minding appearances: Style, truth, and subjectivity [J] . Body dressing, 2001: 79-102.

[13] Mears A. Discipline of the catwalk: Gender, power and uncertainty in fashion modeling [J] . Ethnography, 2008, 9(4): 429-456.

[14] Smelik A M, Kaiser S B. Performing fashion [J] . Critical Studies in Fashion and Beauty, 2020, 11: 117-128.

［15］Germann F, Garvey A M. It's Gotta Be the Shoes! Performance Enhancement Effects of Novel Brand Advertising ［J］. Journal of Advertising, 2022, 51(4): 469-485.

［16］石浩然. 新媒体时代广电编导策划创新路径探析 ［J］. 新闻研究导刊，2022，13（13）：195-197.

［17］阳丽君. 摄影的创新 ［J］. 中国摄影家，2020（10）：1.

［18］段浩明，张宁. 摄影中的优美与崇高 ［J］. 旅游与摄影，2022（08）：114-116.